JN062001

南海トラフ巨大地震でも原発は大丈夫と言う人々

樋口英明
元福井地裁裁判長

旬報社

はじめに

ＮＨＫは、二〇二三年三月四日と五日の両日にわたり「必ず、来る『南海トラフ巨大地震』」というタイトルのドラマを放映しました。ＮＨＫは、近い将来に必ず来るとされている南海トラフ地震に対して国民に注意喚起し、少しでもその被害が小さくなるようにということでこのドラマを制作したのだと思います。このドラマで、南海トラフ地震という巨大で、さし迫った脅威がいかに私たちの生命やわが国の経済基盤を脅かすものであるかが伝わってきました。南海トラフ地震による人的、物的損害は、福島原発事故が起きた東日本大震災の一〇倍と試算されています。しかし、このドラマでは、南海トラフ地震の想定震源域に愛媛県の伊方原発と静岡県の浜岡原発があるにもかかわらず、なぜか、南海トラフ地震が原発を直撃したらどうなるのかという点についてはまったくふれられていませんでした。運転停止中の浜岡原発はともかくも、伊方原発は現在運転中なのです。

「南海トラフ地震が伊方原発を直撃したらどうなるのだろうか、どれくらいの揺れが伊方原発の敷地を襲うだろうか、それに原発は耐えられるだろうか」という誰しもが抱く疑問を、なぜＮＨＫは取り上げなかったのでしょうか。

これに対する答えは次のところにあるのかもしれません。

「伊方原発は原子力規制委員会の審査を経て今稼働している。原子力規制委員会がきちんとした審査をしている以上、大丈夫だろう。原子力規制委員会は、南海トラフ地震が伊方原発を直撃したらどのくらいの揺れが襲うかも、そして、その揺れに原発が耐えられるかどうかも審査しているはずだから心配はない」と。

「その答えが正しいのか」「南海トラフ地震が伊方原発を直撃しても心配はないのか」、これらのことを確認することが本書第2章のテーマです。このテーマを一言でいうと「南海トラフ地震181ガル問題」です。

この本の原稿が仕上がる直前に、本書の中でふれる二〇二二年六月の福島原発事故にかかる住民側の国家賠償請求を認めなかった最高裁判所の裁判長が、退官直後に東京電力と深い関係のある弁護士事務所に入所したということを知りました。

「最高裁はここまで堕してしまったのか」という印象です。そのもつ意味については本書の第2章第4節「裁判官はなぜかくも不公平で無責任なのか」でふれることにします。

本書第3章では、ロシアのウクライナ侵攻を機に原発回帰に舵を切り、敵基地攻撃能力の必要性を説く岸田政権の政策の是非について論じます。

そして、第1章では、第2、第3章を論じるに当たって不可欠な原発の本質、特に福島原発事故を通して明らかになった原発の本質を確認したいと思います。なぜなら、原発にかかわる問題をどう考えるべきかは全て福島原発事故から何を学ぶべきかにかかっているからです。

次の文章はアメリカ合衆国がイギリスから独立するに当たって決定的な影響を与えたといわれるトマス・ペインの『コモン・センス』（光文社）第3章の冒頭部分です。

「私が示すのは単純な事実と平明な主張、そして常識である。読者にあらかじめお願いしたいことがある。第一に、固定観念や先入観を捨てて、理性と感情を働かせて自分で判断をくだしていただきたい。第二に、人間としての真の品性を身につけていただきたい。いや、保っていただきたい。第三に、現在のことにとどまらずに未来にまで視野を広げていただきたい。前置きは以上の点に尽きる。」

南海トラフ巨大地震でも原発は大丈夫と言う人々

目次

目次

第2章　南海トラフ地震181ガル（震度五弱）問題

第3章 原発回帰と敵基地攻撃能力

第1章

原発の本質とわが国の原発の問題点

大谷翔平選手は、今回のWBCでも私たちに大きな喜びを与えてくれました。また、彼は、二〇二二年、規定投球回数にも規定打席数にも達したということで、一〇〇年以上にわたる大リーグの歴史のなかで初めてという大偉業を成し遂げました。その大谷選手の座右の銘は「先入観は可能を不可能にする」です。「プロ野球では、投手と打者の両立は不可能である」という先入観によって多くの選手の可能性の芽が摘まれてしまったと思います。しかし、大谷選手の高校時代の佐々木洋監督も日本ハムの栗山英樹監督もこのような先入観をもっていませんでした。だから大谷選手は野球の発祥の地であるアメリカにおいてとんでもない偉業を達成できたのです。

本書では原発のことを中心に、地震のことも裁判のことも書かれています。「きっと難しい話に違いない」という先入観をもった途端に本書の内容が頭に入ってこなくなります。まず、この先入観を捨ててください。原発の問題はとてもシンプルなのです。原発差止訴訟は高度の専門技術裁判といわれていますが、決してそうではありません。

日本の社会が大規模な偽装を許すことのない健全な社会であるとの先入観も、また、大きな失敗から教訓を学ぶ賢さをもっているはずだという思い込みも捨ててください。社会的地位が高い人、例えば国会議員や裁判官がその地位にふさわしい賢明さをもっているはずだという先入観も、原発問題がたんなるエネルギー問題だという先入観も、原発問題がイデオロギーの問題だという先入観も、原発が最先端技術だという先入観も捨てて本書を読んでほしいのです。

本書が、賢いけれども先入観にとらわれてしまって、事実上原発を容認している人々に変わってもらうきっかけになればと思っています。

この本は問いかけます。

「耐震性の低い原発でもかまわないですか」

1　原発の本質

原発の本質[*1]は極めてシンプルで次の二つのことだけを理解してもらえばよいだけです。

原発の本質の一つ目は、原発は人が管理し続けないかぎり、事故になるということです。たとえば、トラブルが生じたとき、自動車ならエンジンを切れば安全になりますし、家電でもコ

＊1　本書には「本質」という言葉がたびたび登場します。司法の役割は、膨大な主張や証拠のなかから、物事の本質を探求し、それを見つけ出すことです。本質が見つからないいまだと情報量、証拠の多い方や権威のありそうな方、あるいは現状維持に傾きます。しかし、本質を見極めた後に見える景色はまったく違ったものになります。

ンセントを抜いてしまえば安全になります。しかし、原発には「止める」「冷やす」「閉じ込める」の「安全三原則」が求められることから、運転を止めるだけではだめで、電気と水で原子炉を冷やし続けないかぎり大事故になるのです。いわば、停電したり断水したりするだけで大事故になるのです。つまり、どのような状況下でも人が管理し続けないといけないのです。

原発の本質の二つ目は、人が管理できなくなって事故が起きたときの被害の大きさは想像を絶するということです。二〇一一年三月一一日の福島原発事故の際、福島第一原発の吉田昌郎所長（故人）も菅直人総理（当時）も「東日本壊滅」を覚悟したのです。東日本壊滅はわが国の崩壊につながります。二〇二二年七月、東京電力の旧経営陣に一三兆円余の損害賠償の支払いを命じた東京地裁も「原発事故は我が国の崩壊につながりかねない」と判決に明記しています。東日本壊滅の危機を免れたのは、福島第一原発の2号機において丈夫なはずの格納容器のどこかに欠陥があってそこから圧力が漏れて格納容器の大爆発に至らなかったこと、4号機において使用済み核燃料貯蔵プールの仕切りがなぜかずれて隣のプールから水が流れ込んで使用済み核燃料が冷やされたことなどを含む数々の奇蹟があったからです。それでも、一五万人以上の人々が避難を余儀なくされ、極めて多くの方が命を失いました。そして二〇一一年三月一一日に発出された「原子力緊急事態宣言」は福島原発事故から一二年たった現在でも解除されていないのです。

火力発電所との違い

原発は、ウラン燃料の核分裂反応にともなう熱エネルギーで水を温め、沸騰した蒸気でタービンを回すという単純な仕組みです。火力発電所と基本的な仕組みは一緒で、石油や石炭を燃やして水を沸騰させれば火力発電であり、ウラン燃料で水を沸騰させれば原発です。

原発と火力発電所の仕組みの違いを図示すると図1のとおりです。

原発の有する熱量は火力発電などと比べると比較にならないほど高密度で、火力発電の場合には運転を止めれば間もなく沸騰しなくなるのに対し、原発ではウラン燃料の間に制御棒を差し込んで核分裂反応を止めた後も崩

図1　火力発電と原子力発電の相違点

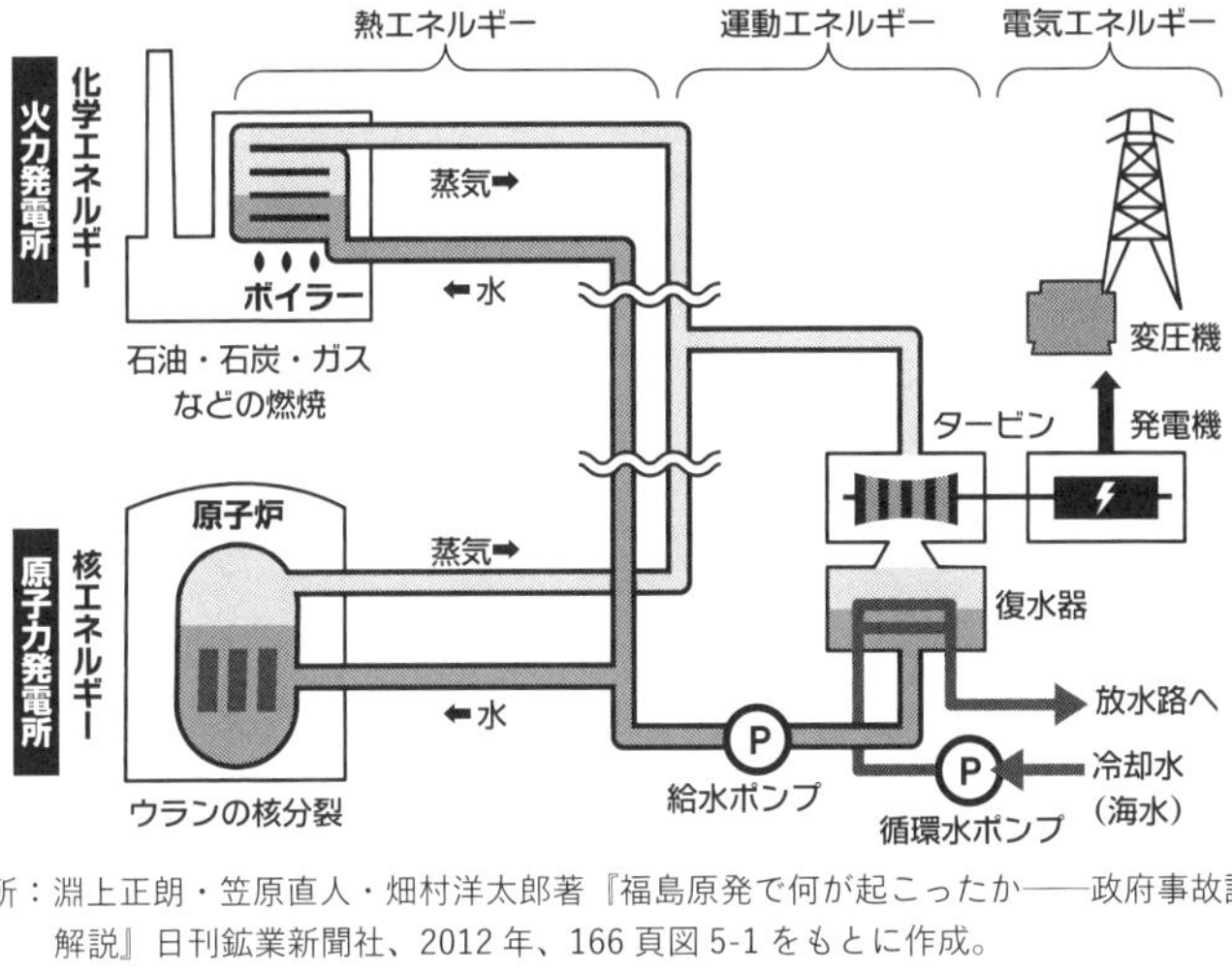

出所：淵上正朗・笠原直人・畑村洋太郎著『福島原発で何が起こったか——政府事故調技術解説』日刊鉱業新聞社、2012年、166頁図5-1をもとに作成。

壊熱という熱によって沸騰が続いてしまうことに大きな違いがあります。沸騰が続いてウラン燃料が空だきになってウラン燃料が自ら発する熱で損傷し、やがては溶け落ちてきます（これをメルトダウンといいます）。メルトダウンを防ぐためには、ウラン燃料が入っている原子炉に多量の水を電気で送り続けないといけないのです。だから、何かトラブルがあったときに運転を止めてしまえば安全な方向に向かう火力発電とは違い、常に人が管理して、水と電気を送り続けなければならないところに火力発電との根本的な違いがあります。だから、停電してもメルトダウン、配管が切れて断水してもメルトダウンとなります。何があっても人が管理し続けないといけないのです。

このことは二〇一四年五月二一日の福井地裁における大飯原発運転差止め判決において次のように示されています。

「原子力発電においてはそこで発出されるエネルギーは極めて膨大であるため、運転停止後においても電気と水で原子炉の冷却を継続しなければならず、その間に何時間か電源が失われるだけで事故につながり、いったん発生した事故は時の経過に従って拡大して行くという性質を持つ。このことは、他の技術の多くが運転の停止という単純な操作によって、その被害の拡大の要因の多くが除去されるのとは異なる原子力発電に内在する本質的な危険である。」

もう一つの火力発電所との違いは、過酷事故が起きた時の被害の甚大さです。近藤駿介原子力委員会委員長（当時）は事故直後、「最悪のシナリオ」として福島第一原発から半径二五〇キロ圏内（南は東京・千葉から北は岩手・秋田まで）の避難を検討しました。また、福島第一原発の吉田昌郎所長は、冷却不能となった2号機の格納容器の大爆発による放射性物質の拡散によって、東日本が壊滅することを覚悟したのです。しかし、信じられないような数々の奇蹟によって東日本壊滅を免れたのです。

福島原発事故で示された原発の本質

原発の技術は根本的に他の技術と異なるのです。地震の際に、火力発電所では酸素を断って火を止めれば安全になります。燃料の供給を停止しても安全になります。たとえこれらに失敗しても燃料が燃え尽きれば収束の方向に向かいます。他の技術のほとんどがそうなのです。自動車でもトラブルがあればエンジンを切ればよいし、家電でも不具合があればコンセントを抜けばよいのです。火力発電所は例えるとすると、丈夫な檻の中のライオンです。一見危険そうであっても、人が水と餌を与えている限りおとなしくしているし、人の管理が失われて水と餌がなくなれば死んでしまいます。

他方、原発は地震の際に「止める」「冷やす」「閉じ込める」という安全三原則を守らなければなりません。制御棒を核燃料の間に差し込んで核分裂反応を「止める」だけでは安全になりません。止めた後においても、電気で大量の水を原子炉に送り込んで核燃料を「冷やす」ことが必要で、原子炉を冷やし続けてこれを管理し続けないかぎり必ず過酷事故になるのです。また、原子炉とその内部にある核燃料は厚い鉄製の格納容器によって「閉じ込める」ことが必要です。原発は、電気と水を与え続けて冷やしている限りはおとなしくしていますが、水または電気が断たれれば、すなわち、人の管理が及ばなくなると格納容器という丈夫な檻に入れているつもりでも、その檻を破って暴れ出します。そして、一端暴れ出したら誰にもこれを止めることができないのです。まるでゴジラのような存在です。

　福島原発事故は地震や津波によって原子炉や格納容器が壊れたわけではないのです。停電しただけであのような事故になってしまったのです。原発は、私たちの常識が通用しない技術なのです。

　二〇一一年三月一一日午後二時四六分、牡鹿半島の東南東約一三〇キロメートルを震源とするマグニチュード9[*2]の巨大地震が起き、震源から一八〇キロメートル離れていた福島第一原発やその周辺には震度六強の地震が襲いました。福島第一原発には六基の原子炉があり、当時、1号機から3号機は稼働中で、4号機から6号機は定期点検中でした。原発は、一定の強さの地震に襲われると、自動的に核燃料の間に制御棒が差し込まれて停止することになっています。このときも自動で1号機から3号機の原子炉が緊急停止しました。いわば「止める」ことには成功したのです。しかし、外部電源[*3]のすべてが地震による鉄塔の転倒などによって断たれてしまいました。そこで、非常用電源が始動しました。地震による原発の危機に際して、「冷やす」機能を果たすには、耐震性が低い外部電源は頼りにならないため、頼れるのは非常用電源しかないのです。

＊2　マグニチュードは地震の大きさを示す単位です。マグニチュードは〇・二違うと二倍、一違うと三二倍、二違うと一〇〇〇倍エネルギー量が増えていくことになります。例えば、マグニチュード9の東北地方太平洋沖地震の地震規模はマグニチュード7.3の熊本地震の三〇〇倍以上のエネルギー量となります。南海トラフ地震は東北地方太平洋沖地震とならぶマグニチュード9に及ぶことが想定されています。

＊3　外部電源というのは、遠方の火力発電所から長い電線と多くの鉄塔を通じて原発に送られてくる電気のことです。原発は発電施設ですが、核燃料棒の間に制御棒を差し込んで運転を止めれば発電しなくなり、冷やすための電気を作ることができなくなります。そのために原発には外部電源が必要不可欠なのです。

ところが、東北地方太平洋沖地震にともなう大津波が発生しました。福島第一原発は、海抜約一〇メートルの敷地に建っていますが、地震発生から約五〇分後の午後三時三六分ころ、一五メートルあまりの津波が原発敷地を襲い、1号機から4号機では一階または地下にあった非常用電源はすべて使えなくなりました。いわゆる全電源喪失です。要するに完全に停電してしまったのです。そのため、原子炉を冷やすことができなくなり、1号機から3号機までの核燃料がメルトダウンしました。4号機の非常用電源も機能を失い、使用済み核燃料貯蔵プールに保存されていた使用済み核燃料が冷却できなくなり、危機的状況となりましたが、幸いにも外部からの水の注入により危機的な状況を免れました。なお、敷地北部にあった5号機と6号機の非常用電源は機能を失うことがなかったため、危機的状況には至りませんでした。

ここで重要なことは、地震や津波で原子炉が破損したわけではないということです。地震で外部電源が失われ、津波で非常用電源が失われて、単に停電しただけで過酷事故に至ったということです。

「福島原発事故は津波のせいで地震が原因ではない」という人もいますが、その津波は地震によって起きたのです。仮に、日本から遠く離れたハワイ沖で大地震があったとしましょう。地震は距離が遠ければ減衰されますが、津波は地震ほど減衰するわけではないので、わが国に押し寄せる可能性があります。津波に襲われたら、非常用電源は失われますが、外部電源は失われることなく決定的な危機は免れると思われます。福島原発事故は地震と地震にともなう津波による停電によって生じたのです。

また、国会事故調査委員会が1号機の緊急冷却装置（非常用復水器）という設備[*4]の配管が地震によって破損したのではないかという疑いをもち、1号機の原子炉建屋四階で現地調査をしようとしました。しかし、東京電力の「現場はがれきが散乱している上に、水素爆発で天井が吹き飛んだ部分にカバーがされているために日光が入らず、照明もないため昼間も真っ暗で危険だ」という説明を受け調査を断念せざるをえませんでした。ところが、後日、建屋四階にはカバーはなく照明もあったことがわかったのです[*5]。

1号機から4号機までそれぞれ時間的な推移は異なりますが、運転中であった1号機から3号機までの原子炉の核燃料はいずれもメルトダウンし、当時、定期点検中で原子炉内に核燃料が存在しなかった4号機でも使用済み核燃料貯蔵プールに入れられていた使用済み核燃料が危

＊4　原子炉の冷却がうまくいかなかったときに、蒸気を冷却してできた水を原子炉内に戻して原子炉を冷やすという機能をもつ非常時に極めて重要な役割を担う設備です。

＊5　東京電力はどこまで嘘つきなのか／国会事故調調査妨害事件（shomin-law.com）

機的な状況に陥りました。福島原発事故では、安全三原則のうち、核分裂反応を「止める」ことには成功したのですが、全電源喪失によって「冷やす」ことに失敗し、そのために「閉じ込める」ことにも失敗し、その結果、大量の放射性物質が拡散してしまったのです。

福島原発事故によって、一五万人を超える人々が避難を余儀なくされ、その避難の過程で入院患者五〇人以上の方が亡くなりました。震災関連死は二〇〇〇人を超えています。[*6]「これ以上ない被害だ」といいたいのですが、実はそうではなかったのです。

2号機でも、電源が断たれたため、ウラン燃料が溶け落ちてメルトダウンに至り、大量の水蒸気と水素が発生しました。そのため、三月一五日になると、格納容器内の圧力が設計基準を遥かに超えたために、放射性物質の大量放出をともなう格納容器の圧力破壊の危険が高まりました。このような状況下ではベントと呼ばれる圧力を抜く作業が必要となります。ベントをすると格納容器内の放射性物質が一部放出されることになりますが、ベントをしなければ格納容器自体が吹っ飛び、中の放射性物質がすべて放出されることになります。[*7]放射性物質の全部が放出されるよりは、一部の放出の方がまだましだということでベントしようとしたのです。ベントするには、バルブを開ける必要がありますが、電気が失われたため自動ではベントができず、手動でベントしようとしたのですがその場所に行き着くまでに放射能で死んでしまうおそれがあることからベントができない状況だったのです。

三月一五日の朝、福島第一原発の吉田所長も2号機の格納容器の圧力破壊による大爆発を覚悟しました。この際、吉田所長は自分の死を覚悟するとともに、「東日本壊滅」・「チェルノブイリの一〇倍の被害」ということも覚悟しました。すなわち、2号機の格納容器の爆発にともなう福島第一原発の六基の原子炉と福島第二原発の四基の合計一〇基の原子炉等の暴走を覚悟したのです。しかし、幸いにも2号機の格納容器は圧力破壊を免れました。本来あってはならな

＊6　復興庁によると二〇二二年三月三一日集計による震災関連死は岩手県が四七〇人、宮城県が九三〇人であるのに対し、福島県は二三三三人に及んでいます。今も多くの方が郷里に戻ることができず、二〇一一年三月一一日に発出された「原子力緊急事態宣言」は現在も解除されていないのです。

＊7　1号機、3号機、4号機ではいずれも水素爆発がありました。これらの爆発は格納容器の外側の建屋と呼ばれる建物内での爆発でした。2号機では建屋内の爆発はありませんでしたが、ベントができた1号機・3号機と異なり、2号機はベントができなかったために格納容器の爆発が迫っていたのです。その脅威は1号機・3号機・4号機の建屋内の爆発よりも遥かに大きかったのです。

いことですが、2号機の格納容器のどこかに脆弱な部分があり、そこから圧力が漏れて大爆発に至らなかったのです。2号機がいわば欠陥機であったために「東日本壊滅」・「チェルノブイリの一〇倍の被害」を免れたのです。格納容器が欠陥なく本当に丈夫に造られていたら、「東日本壊滅」に至ったのです。

4号機でも奇跡がありましたが、その奇跡は2号機での奇跡を遙かに上回る「天の配剤」としか言い様のないものだったのです。

三月一一日当時、4号機は定期点検中であり、原子炉の中にあったウラン燃料は、エネルギー量が落ちて、電気を起こしにくくなったため、図2に示す格納容器の隣の使用済み核燃料貯蔵プールに入れられていました。このプールでも全電源喪失により循環水の供給が停止しました。使用済み核燃料は使用中の核燃料に比べエネルギー量

図2　4号機建屋

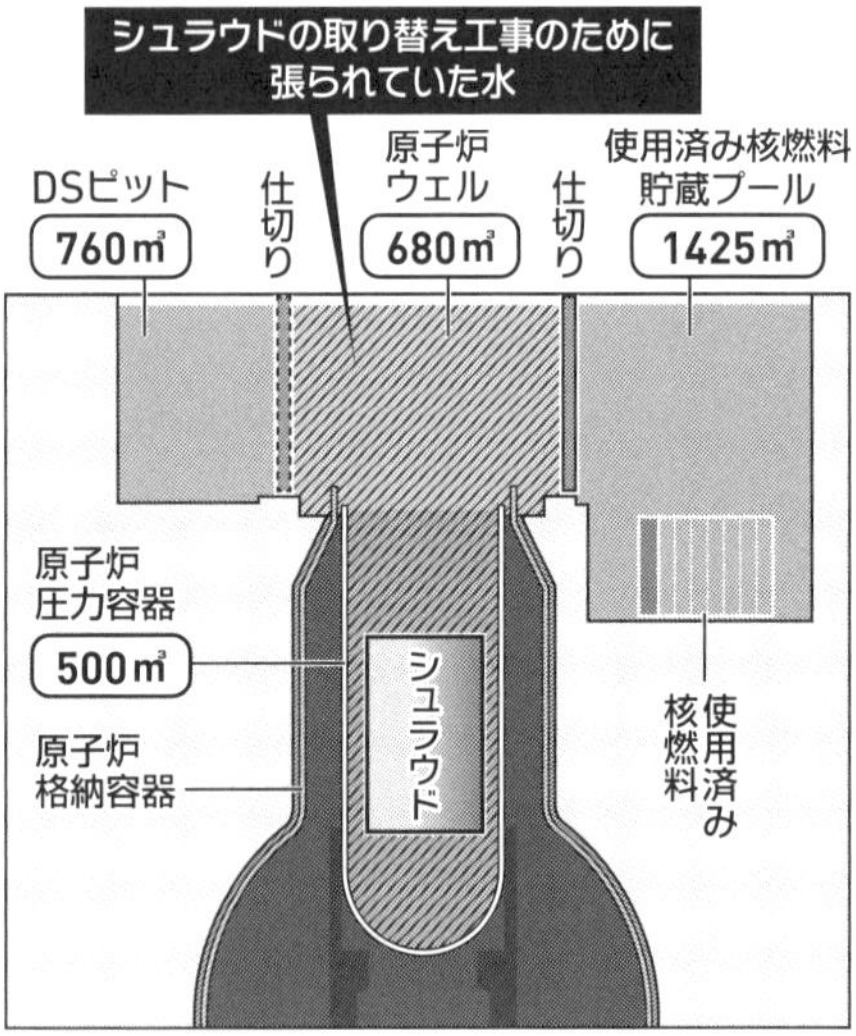

出所：朝日新聞2012年3月8日付より作成。

が落ちています。そのため、循環水の供給が断たれても時間単位でメルトダウンに至ることはありませんが、三月一五日になるとプールの水が干上がることによる放射性物質の大量放出が危惧されるようになりました。

しかし、使用済み核燃料貯蔵プールに隣接する原子炉ウエルにシュラウドの取り替え作業のために普段は張られていない水が張られていました[*8]。そして、使用済み核燃料貯蔵プールと原子炉ウエルを隔てている仕切りがなぜかずれるという本来あってはならないことが起き、原子炉ウエルから使用済み核燃料貯蔵プールに水が流れ込みました。仕切りがずれた原因については、未だ不明です。しかも、原子炉ウエルの水はシュラウドの取り替え工事が予定よりも遅れたために残っていたもので、本来だと三月七日には水は抜かれていたはずでした。

近藤駿介原子力委員会委員長は菅直人総理からの要請により福島原発事故から想定される被害規模の見通しを報告しましたが、想定のうち、最も重大な被害を及ぼすと考えられていたの

＊8　シュラウドは核燃料を入れる箱のようなものです。4号機は一九七八年に送電を開始しましたが、三三年後の二〇一一年に初めてシュラウドの取り替え工事が行われました。

はこの4号機の使用済み核燃料貯蔵プールからの放射能汚染であり、[*9]強制移転を求めるべき地域が一七〇キロメートル以遠にも生じる可能性や、住民が移転を希望する場合にこれを認めるべき地域が東京都のほぼ全域や横浜市の一部を含む二五〇キロメートル以遠にも発生する可能性がある（図3）とされました。[*10]これは「東日本壊滅」にほかなりません。

図3　強制移転を求めるべき地域

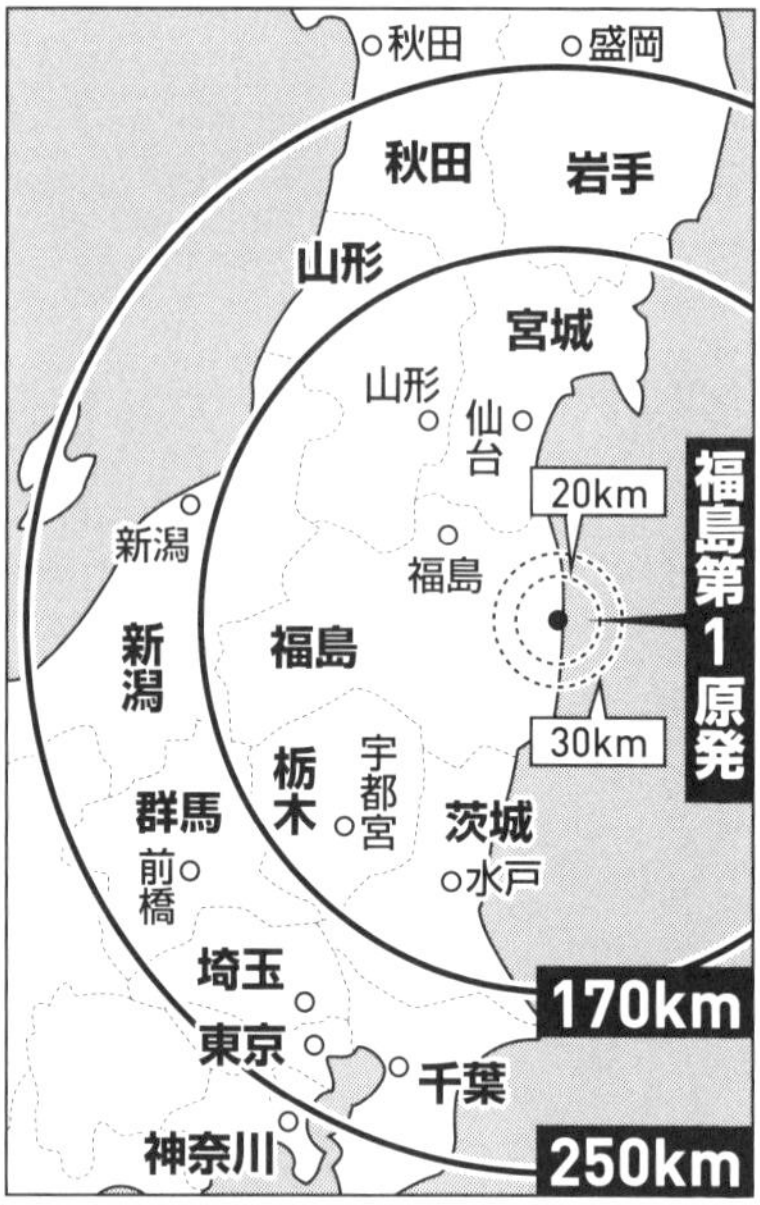

出所：著者作成。

二五〇キロメートル圏内には約四〇〇〇万人の人が住んでいます。この被害想定は、4号機で運転開始後初めてのシュラウド取り替え工事があり、さらにその工事が遅れたため本来なら抜かれていた水があり、また仕切りがずれるという、まさに天の配剤によって現実化を免れたのです。

しかし、その使用済み核燃料貯蔵プールに流れ込んだ水もいずれ蒸発してなくなることが予想されました。危機は続いていたのです。しかし、4号機の建屋で水素爆発がありました（この原因も明確ではありません）。その爆発によって使用済み核燃料貯蔵プールの天井が吹き飛びました。

そのことが幸いして[*11]、その吹き飛んだ部分からポンプ車で水を入れることが可能になったのです。ところが、当時、日本ではポンプ車のブームの長さが最大三六メートルに制限されていたため、効果的な注水が難しかったのです。その時、中国企業である三一重工が福島原発事故の危機的な状況を知り、中国国内に保有しているブーム六二メートルのポンプ車を急遽、福島

＊9　使用済み核燃料は使用中の核燃料に比べエネルギー量は落ちていますが、ヨウ素131、セシウム137、ストロンチウム90等の核分裂生成物いわゆる死の灰を多く含むために、使用中の核燃料よりも大きな健康被害をもたらすのです。

＊10　このシナリオは最悪のシナリオと言われ、その内容は検索できます。
http://www.ikata-tomeru.jp/wp-content/uploads/2015/02/koudai39gousyo.pdf

＊11　仮に、より大きな規模の爆発だったら核燃料貯蔵プールが壊れていたかもしれませんし、仮により小さな爆発だったとしたら天井が吹き飛ぶことはなかったはずです。

第一原発に発送しました。そのポンプ車の威力は絶大で、後に「大キリン」と名付けられました。大キリンは三一重工から輸送費も含めて無償で提供されたもので、今も、緊急事態に備えて福島第一原発に置かれています。

このような幾多の奇跡によって初めて二五〇キロ避難の危機は回避されたのです。[*12]

原発事故がこれだけの被害を及ぼすのは、原発がウラン燃料を核分裂反応させることによって発電しているからです。現在では、原発は一基あたり一〇〇万キロワットが標準的な規模となっています。それを一基、一年間動かすと、一トンのウランを核分裂させることになります。広島に投下された原爆はウラン一キログラムが核分裂したものです。原発では広島型原爆の実に一〇〇〇倍のウランが核分裂されることになります。そして、その核分裂させた分だけセシウム137やストロンチウム90等の死の灰を生成します。こうやって生成された死の灰は元のウランよりも遥かに毒性が高まるのです。このことが原発事故の被害の大きさに直結するのです。

福島原発事故では1号機から3号機までで、広島型原爆の一七〇倍もの死の灰が大気中にまき散らされました。死の灰のほとんどは太平洋に流れ、二割が広く日本の国土に拡散しました。広島型原爆の三〇発分以上の放射性物質により一五万人以上の方が避難を余儀なくされました。政府は、「原子力緊急事態宣言」を発令し、一般人の被曝限度の基準を一気に二〇倍も緩和し、原発の作業員と同じく一年間で二〇ミリシーベルトまで人が住んでいいことにしましたが、今でも帰還困難区域という名の無人の土地が広がっています。もし、あの時、風が海から陸に向かって吹いていたとしたら、広島型原爆の一二〇発分以上の死の灰が国土に降ることになったはずです。また、2号機の格納容器が爆発していたら、そのことが、他の原子炉のコントロール不能を招き、その結果、これらの原子炉も暴走したであろう……と考えるだけで、「東日本壊滅」がいかに現実的でさし迫ったものであったかが理解できると思います。

当時の総理大臣であった菅直人氏は三月一五日東京電力本社に乗り込んだ際、東京電力幹部に向かって「事故の被害は甚大だ。このままでは日本国は滅亡だ。撤退などあり得ない。命がけでやれ」と叫びました。当時、東京電力の幹部たちが現場からの撤退を考えていたかどうかについては、はっきりはしませんが、総理大臣がわが国の滅亡の可能性を認識していたことは紛れもない事実なのです。

「東日本壊滅」は、当時の現場の最高責任者である福島第一原発の吉田昌郎所長、日本の原子

＊12　くるまのニュース　https://kuruma-news.jp/post/355600

力行政のトップである近藤駿介原子力委員会委員長、日本の行政のトップである菅直人総理の三人が口をそろえていっていることなのです。そして、東日本壊滅はわが国の崩壊に直結するのです。わが国の歴史上最大の危機は、先の大戦でも蒙古襲来でもありません。二〇一一年三月一五日が最大の危機だったのです。このように原発事故における被害の大きさは想像を絶するものです。

他方では、原発推進派の人が「福島原発事故で亡くなった人はいない」と言っています。しかし、避難の途中で病人等五〇名以上の方が亡くなっています。自殺者を含む福島県の震災関連死は岩手県、宮城県の震災関連死を大きく上回っています。震災前には「一〇〇万人に一人しか発症しない」といわれていた子どもの甲状腺がんは、震災後は福島県だけで三〇〇人以上が罹患しました。

請戸の風景

浪江町請戸《うけど》地区は福島第一原発から北に約七キロメートルのところにある漁村です。津波によって多くの家屋が流されました。三月一一日夜一〇時、消防団の方たちは翌日の救助活動の準備のために請戸の浜を回りました。そのとき、助けを呼ぶ声や、鳴り響くクラクションの音を聴いて多くの人が自分たちの助けを待っていることを確信しました。しかし、三月一二日午前五時四四分、放射線量が高くなったということで福島第一原発から一〇キロメートルの範囲内に避難指示が発令されました。この避難指示により、三月一二日早朝から予定されていた行方不明者の捜索・救助活動が中止になりました。請戸の浜で福島県警および消防署による行方不明者の捜索活動が行われたのは実に一か月余を経た四月一四日のことでした。三月一二日に救助活動ができたならば、何人かの尊い命が救われたと思います。このときの消防団員の方の無念な思いを映画「日本と原発」「日本と原発　4年後」[*13]で消防団員の方へのインタビューを通して知りました。このような悲劇は二度と起こしてはならないのです。

浪江町消防団・鈴木大介さん

喉元すぎれば熱さ忘れるといいますが、福島原発事故による「原子力緊急事態宣言」は今も継続中です。たんなる火傷《やけど》ではありません。命を長らえた人であっても郷里を失ったことで身を切られる思いを抱いているのです。そして、わが国はその国土の一部を失ったままなのです。

2 わが国の原発の問題点

なぜ、人は原発の危険性に気づかないのか

原発は停電しても断水しても原子炉を冷やせなくなり過酷事故になるのです。停電と断水をもたらすものは無数にありますが、わが国においては停電と断水をもたらす最大の要因は地震です。わが国の国土は全世界の陸地面積の約〇・三パーセントにしかすぎませんが、そこに世界の全原発の約一〇パーセントの原発が、海岸沿いに林立しているのです。わが国は四つのプレートの上にある世界で唯一の国であることから、世界で発生する地震の一〇分の一以上がわが国の周辺で起きています。マグニチュード6以上の大きな地震に限れば五分の一以上がわが国やその周辺で起きているともいわれています。したがって、原発が安全であるためには、原子炉だけではなく、停電や断水が起きないように配電、配管にも高い耐震性が必要となるのです。

地震のことはよくわかっていないといわれながらも、次の二つのことだけはわかっているのです。一つ目は地震の予知予測はできないことです。二つ目は強い地震はめったにないが、弱い地震はよくあるということです。したがって、仮に、原発の耐震性が低ければわが国の原発は、世界一危ない原発になるのです。

繰り返しますが、福島原発事故では一五万人を超える人々が避難を余儀なくされ、その避難の過程で入院患者等五〇人を超える方が亡くなりました。今も郷里に戻ることができない人が数万人もおり、自殺者を含む福島県の震災関連死は岩手県、宮城県の震災関連死を大きく上回っています。震災前には「一〇〇万人に一人しか発症しない」といわれていた子どもの甲状腺がんは、震災後は福島県だけで三〇〇人以上が罹患しました。原発事故による経済的損失は現時点で少なくとも二〇兆円を超えています。とてつもない被害です。しかし、福島原発事故では

＊13　いずれも河合弘之弁護士がプロデュース兼監督をした映画です。原発の仕組みや歴史・福島原発事故から見えた原発を取り巻く闇等を弁護士の視点で描いています。「日本と原発　4年後」はYouTubeで観ることができます。

信じられないような数々の奇跡がありました。これらの奇跡のうちの一つでもなければ「東日本壊滅」、不運が重なればわが国の歴史は終わっていたかもしれないのです。

この事実を知ったとき、「原発事故がそれだけ甚大な被害をもたらすものなら、原発の運転は止めるべきだ」と確信をもつ人々がいる一方で、多くの人が「原発事故がそれだけの被害をもたらすのなら、原発はそれなりに安全に、すなわち、事故発生確率が低くなっているはずだ」、また「福島原発事故を経験したのであるから、少なくとも福島原発事故後に再稼働した原発は高い安全性が確保されているはずだ」と思ってしまうのです。「原子力規制委員会が世界一厳しい規制基準に基づく審査をしている」という故安倍晋三総理の言葉をそのまま受け取る人は少ないと思いますが、それでも、多くの人は「福島原発事故を踏まえて原子力規制委員会ができたのだからそれなりの審査をしているのだろう」と思ってしまうのです。それは、原発に賛成している人はもちろん、やむをえないと思っている人も、そして原発に反対する人でさえそのように思ってしまうのです。

その理由は次のところにあると考えられます。

危険には「被害の大きさにおける危険」と「事故発生確率の高さにおける危険」という意味があります。そして、この二つの危険は反比例するのです。たとえば、時速三〇〇キロで走行する新幹線は大型トラックと衝突し、脱線転覆すれば大惨事になるために踏み切り自体をなくして事故発生確率を低くしています。大型旅客機とセスナを比べても同じです。操縦士の資格も安全性も違います。自然界においても同様です。東北地方太平洋沖地震のようなマグニチュード9に達する超巨大地震はこの一〇〇年間に地球上で五回しかありませんが、マグニチュード6程度の地震ならわが国の周辺だけでも月一回程度あります。六五〇〇万年前に恐竜を滅ぼしたといわれる巨大隕石は滅多にありませんが、小さな隕石は年に一万個も地球に落ちてきます。ことほど左様に被害の大きさにおける危険と、事故発生確率における危険は反比例するのです。そうでなければ人類は誕生していないし、たとえ誕生したとしても文明を築くことはできなかったはずです。だから多くの人が直感的にあるいは理性的に「被害が極めて甚大ならば、事故発生確率は低いだろう」と思ってしまうのです。

そして、さらに、わが国では安全性に関する偽装が発覚すれば大きな制裁があります。たとえば、二〇〇五年ころに世間を揺るがした耐震偽装事件（いわゆる姉歯事件）において、設計者は処罰され、マンションは取り壊され、販売した不動産会社は倒産し淘汰されました。タカタという世界一のエアバックメーカーも偽装を図ったために倒産してしまいました。これらのことから、多くの人は「たとえ偽装というような不正行為があったとしても、それを正し、正常な社会に回復させる力と嘘を許さないという倫理性がわが国にはあるのだ」と思っているのです。

だから、多くの人が少なくとも福島原発事故後においては「原子力規制委員会が再稼働を許可した原発はそれなりに安全だろう」と思ってしまうのです。理性的な人ほどそう思い込んでしまうのです。「被害が大きければ事故発生確率は少なくなっているはずだし、日本にはそういう回復力と倫理性があるのだ」と思ってしまうのです。すなわち、強固な先入観が生じてしまっているのです。

わが国の原発の耐震性

原子力規制委員会が策定した規制基準は「原発敷地ごとに将来襲うであろう地震の強さの最大値が計算できる」という前提で成り立っています。その計算結果に基づく耐震設計基準を基準地震動と呼び、基準地震動に基づいて原発の設計、耐震補強工事がなされます。したがって、基準地震動を超える地震に襲われると極めて危険なのです。基準地震動は加速度の単位であるガルで示されます。

わが国は地震大国といわれながら、一九九五年の阪神淡路大震災を契機に二〇〇〇年ころになってやっと地震観測網が整備されたのです。それ以前の地震学では、「980ガル（重力加速度）を超える地震はないのではないか」とも、また「震度七は400ガル程度以上なのではないか」とも考えられていたのです。しかし、震度七の熊本地震も、北海道胆振東部地震も17

表１　1000ガル以上の地震とハウスメーカーおよび原発の耐震性

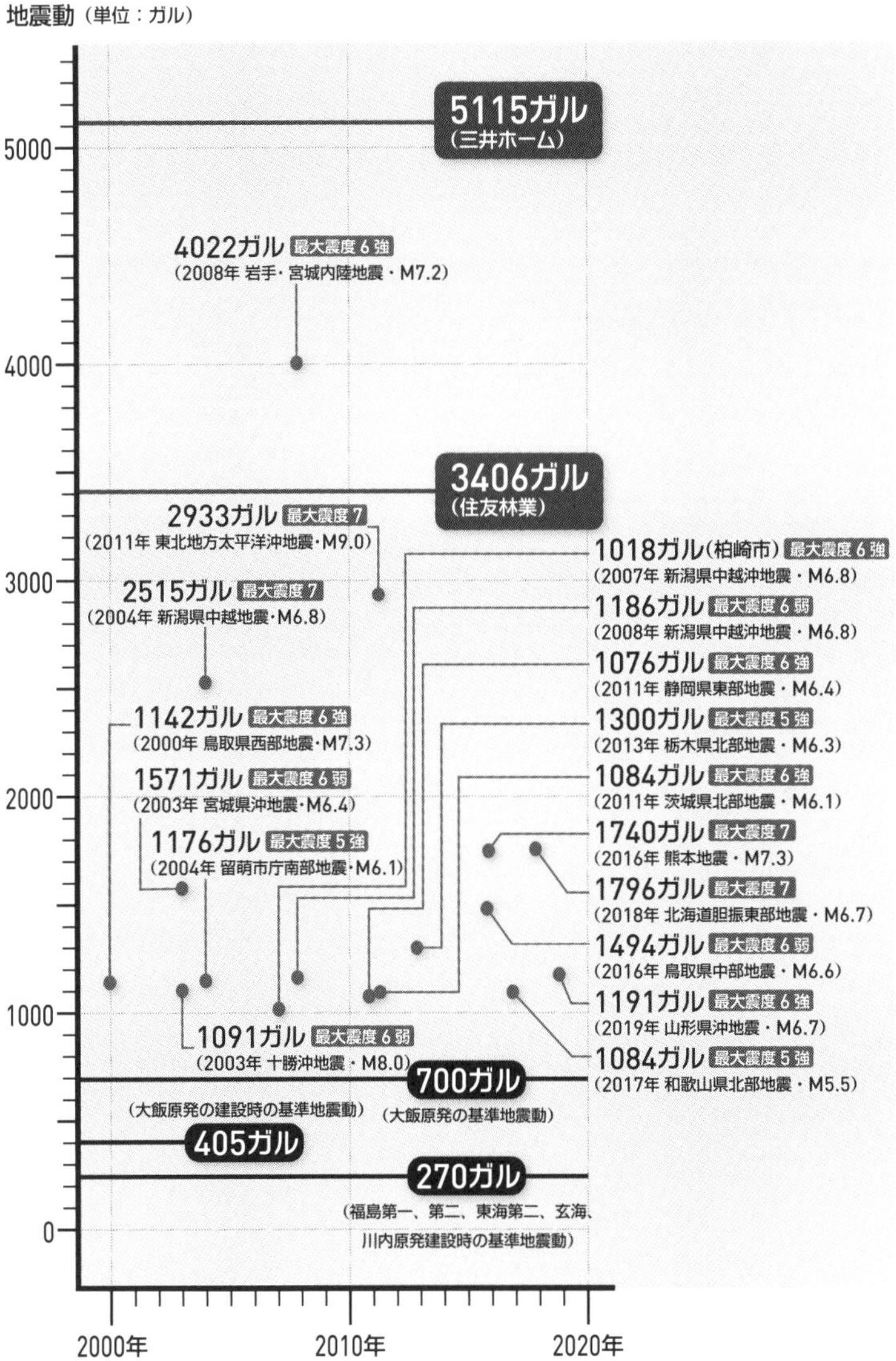

出所：広島地裁伊方原発運転差止め仮処分申立書より作成。

図4　原子力発電所の所在地と稼働状況（2023年5月26日現在）

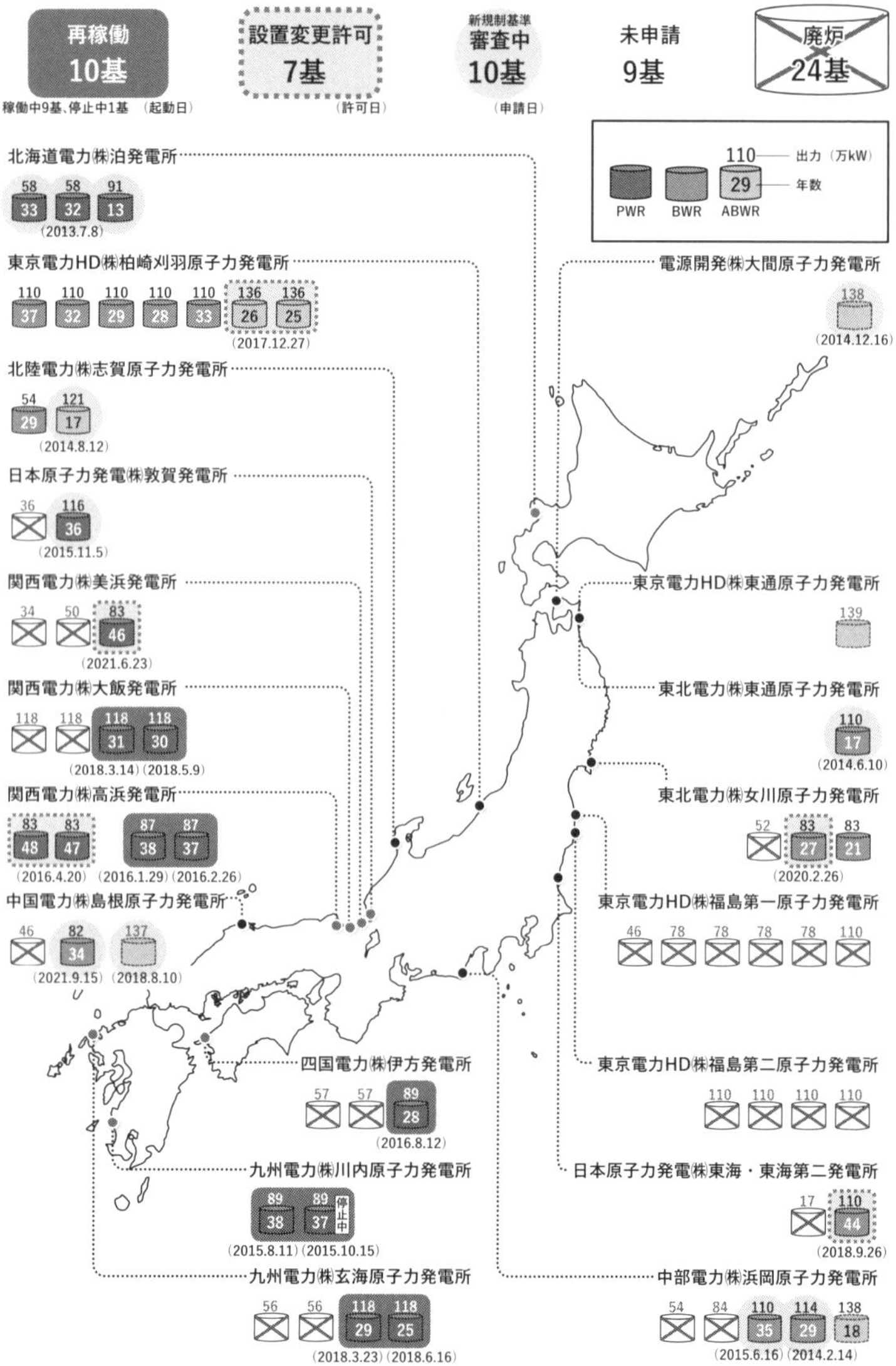

出所：資源エネルギー庁「日本の原子力発電所の状況」より作成。

00ガルを超えており、最大の地震動[*14]は岩手宮城内陸地震における4022ガルです。わが国においては、1000ガル程度の地震は決して珍しくないことがここ二〇年間余の地震観測記録という客観的で科学的な証拠から明確になったのです。それに応じてハウスメーカーのなかには4022ガルの地震に耐えられる住宅を建設しているところもあります。ところが私が担当した大飯原発の基準地震動は建設当時405ガル、判決当時においても700ガルでした。

この関係を示したのが表1です。

そして、他の原発の基準地震動も柏崎刈羽原発1~4号機を除くと大飯原発と大差はないのです。図4は日本各地の原発の所在地と稼働状況を示しています。表2はわが国の原発の基準地震動の推移を示していますが、表2の原発の多くは建設時から二五年以上経過した原発です。時を経て老朽化するにつれて耐震性が上がっていくという不可思議で怪しげなことを重ねた後においてもなおこの程度の耐震性しかないのです。大飯原発の抱える耐震性の低さは他の原発

*14 地震動とは地震による揺れのことを指します。

表２　基準地震動の推移（単位ガル）

発電所		建設当時	3.11当時	2018年3月時点
泊（北海道）	1～3号機	370	550	620
大間（青森）		450		650
東通（青森）		375	450	600
女川（宮城）	1号機	375	580	未申請
	2号機			1000
	3号機			未申請
福島第1（福島）	1～6号機	270	600	
福島第2（福島）	1，2号機	270	600	
	3，4号機	370		
柏崎刈羽（新潟）	1～4号機	450	2300	未申請
	5号機		1209	未申請
	6，7号機			1209
東海第2（茨城）		270	600	1009
浜岡（静岡）	3号機	600	800	未申請
	4号機			1200～2000
	5号機			未申請
志賀（石川）	1号機	490	600	未申請
	2号機			1000
敦賀（福井）	1号機	368	800	未申請
	2号機	592		880
もんじゅ（福井）		466	760	未申請
美浜（福井）	1，2号機	400	750	未申請
	3号機	405		993
大飯（福井）	1，2号機	405	700	未申請
	3，4号機			856
高浜（福井）	1～4号機	360	550	700
島根（島根）	1号機	300	600	未申請
	2号機	398		600
	3号機	456		未申請
伊方（愛媛）	1，2号機	300	570	未申請
	3号機	473		650
玄海（佐賀）	1，2号機	270	540	未申請
	3，4号機	370		620
川内（鹿児島	1号機	270	540	620
	2号機	372		

出所：小岩昌宏・井野博満『原発はどのように壊れるか』原子力資料情報室、110 頁。

も共通して抱える最も重要な問題なのです。原発は「被害が大きければ事故発生確率が低い」という、いわば反比例の法則の唯一の例外といえます。原発事故は被害が大きく、事故発生確率も高いパーフェクトの危険なのです。

しかし、原発は国策なので、国や電力会社は公然と、継続的に大量の嘘を流しています。

原発推進勢力の嘘1：原発は硬い岩盤の上に建っている

表1のように地震観測記録と基準地震動を並べると、多くの人が「地震計が普通の地面の上に設置されているのに対し、原発の原子炉は硬い岩盤に建っているので比べてはいけないのではないか」といいます。このことは原発推進派はもちろん、脱原発派を含め、少しでも原発に関心をもった人の多くがそのように認識しています。原発推進勢力が広く伝えている嘘のなかで最も成功した事例です。

実は、私もそうであって欲しいと思っています。わが国の原発がヨーロッパのように均質で安定した岩盤の上に建築されていたならどんなによいだろう、そして、その硬質の岩盤の揺れが普通の地面の揺れよりも遥かに小さかったとしたらどんなにか安心だろうと思います。

しかし、全国にある五〇基を超える原子炉のうち約半数の原子炉は岩盤の上に建っていますが、残りの原発は岩盤の上には建っていません。それでも電力会社は「原発の設計は地表面ではなく地下の岩盤を基準に設計される。この地下の岩盤の表面は『解放基盤表面』と呼ばれており、その解放基盤表面の揺れは地表とは違う」と主張しています。

そういわれると、原発に消極的な人たちさえも電力会社のいうことに疑問をもつことなくそう思ってしまうのです。加えて、一般的には、岩盤の揺れと普通の地面の揺れを比べると岩盤の揺れの方が小さいし、地中の揺れと地表の揺れを比べると地中の揺れの方が小さいのです。そのことから、地中にあってしかも岩盤である解放基盤表面の揺れは地表の揺れよりも小さいはずだとの先入観が働きます。

しかし、本当に地上の揺れの方が地下の解放基盤表面の揺れよりも遙かに大きいのでしょうか。

柏崎刈羽原発を例に挙げると、二〇〇七年に中越沖地震が柏崎刈羽原発を襲ったとき、地下の岩盤である解放基盤表面の揺れは１６９９ガルでした。仮に、地上の揺れが地下の揺れの三倍だとしたら地上では約５１００ガル、四倍だとしたら約６８００ガルの地震が記録されることになりそうですが、表１に中越沖地震は載っていません。なぜなら、柏崎刈羽原発は柏崎市と刈羽村にまたがっていますが、地上での観測地点では最高で１０１８ガルしか出ていなかったからです。地上の方がむしろ揺れが低かったのです。これらの関係を示すと図5のようになります。

図5　柏崎刈羽原発における現実の地震動と基準地震動

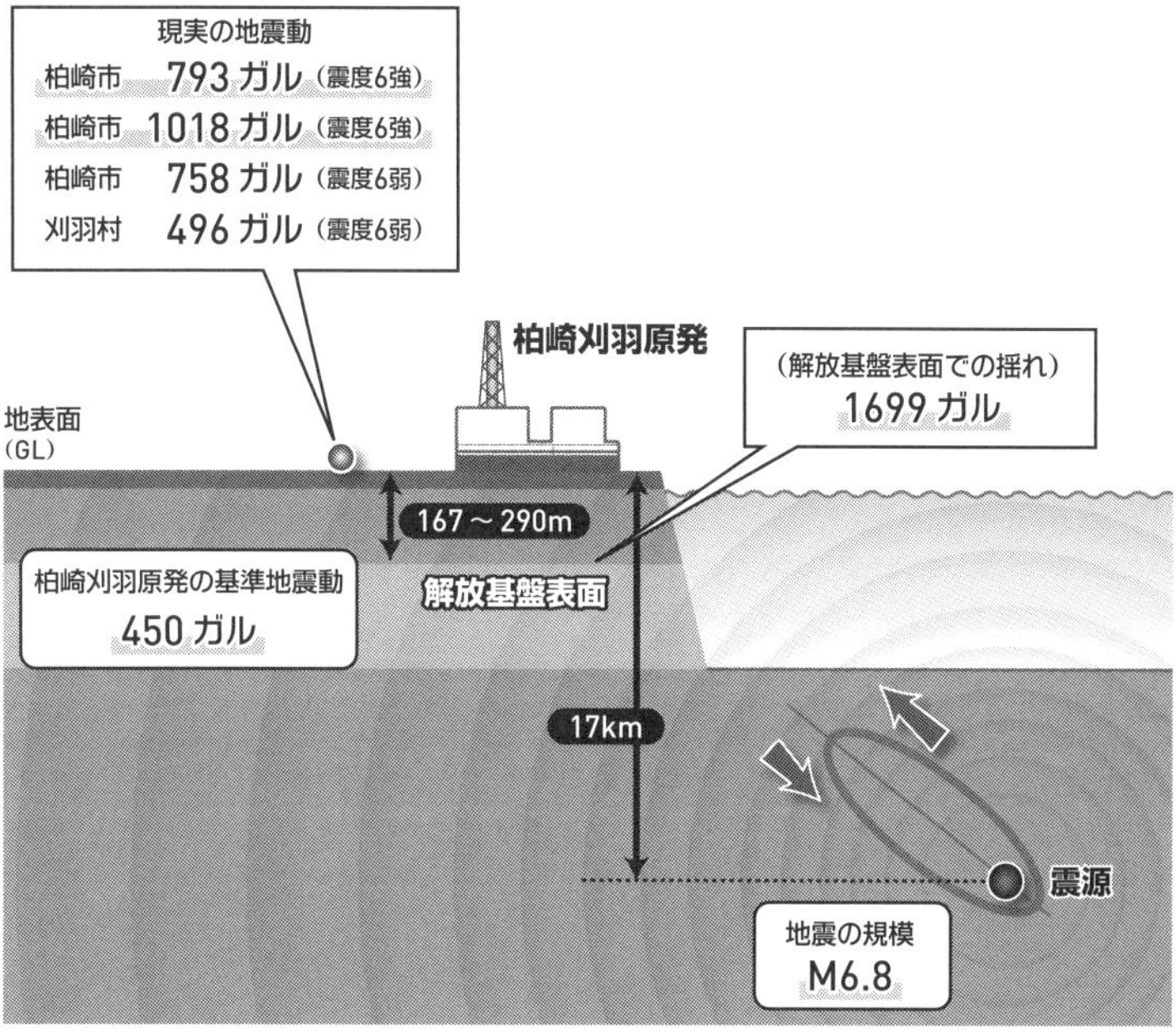

出所：広島地裁伊方原発運転差止め仮処分申立書より作成。

わが国の原発の耐震性は極めて低いのです。そのため、原発の近くである程度の大きさの地震が起きると基準地震動（原発の耐震設計基準）を超えてしまうのです。今までこのような例が五例ありました。この五つの事例のなかで、地下の解放基盤表面の揺れの数値（ガル）が周辺の観測地点の地表面での観測数値（ガル）を大きく下回ったことは一度もありません。それどころか、柏崎刈羽原発では地下の解放基盤表面の数値が周辺の観測地点の地表面での観測数値を大きく上回っているのです。

このように、実際に基準地震動を上回る地震動が解放基盤表面で観測された五つの事例によって、地下の解放基盤表面の揺れが通常の地盤の揺れよりも小さくなるという法則性はないということが明確になりました。[*15] これらの五つの事例のうち、一事例でも地下の解放基盤表面の揺れが周辺の観測地点の揺れより大きい揺れであったということは恐ろしいことです。そのことは、原発の周辺に6 0 0ガルないし1 0 0 0ガル程度の地震動を招来するような地震が到来すれば、実際に稼働している原発の解放基盤表面でも基準地震動を超える地震が到来することが否定できなくなるということになるからです。

この関係をもっとわかりやすくいえば、原発敷地やその周辺に震度六弱の地震が来れば原発は危うくなり、震度六強が来れば極めて危険となり、震

表3　震度と最大加速度の概略の対応表

震度等級		最大加速度
震度7（激震）		1500ガル程度〜
震度6（烈震）	強	830〜1500ガル程度
	弱	520〜830ガル程度
震度5（強震）	強	240〜520ガル程度
	弱	110〜240ガル程度
震度4（中震）		40〜110ガル程度
震度3（弱震） 震度2（軽震） 震度1（微震）		40ガル程度以下

出所：国土交通省国土技術政策総合研究所。

度七が来れば絶望的になるということです。これがわが国の原発の抱える最大の問題点です。

なお、震度と加速度のおおむねの対応関係は表3の通りです。

原発推進勢力の嘘2：原発事故で死んだ人はいない

二〇〇四年八月九日、関西電力美浜原発（福井県）のタービン建屋において、配管が破損する事故が発生し、噴き出した約一四〇度の熱水を浴びた五人の作業員が亡くなり、六人の作業員が重傷を負いました。

福島原発事故では、前記のように避難の途中で病人等五〇名以上の方が亡くなっています。自殺者を含む福島県の震災関連死は岩手県、宮城県の震災関連死を大きく上回っています。三月一二日午前五時四四分に発令された避難指示によって、請戸の浜では、消防隊員が前日に被災

＊15　なぜそうなるのかは、解放基盤表面が純粋の地中の岩盤のことではなく、岩盤の上に地層や構造物がないものとして仮想された岩盤だからなのです。しかし、それよりも大切なことは先入観をもたないで、地震観測記録と地下の解放基盤表面の揺れを実際に比べてみるという姿勢をもつことだと思います。

表4　EALによる段階的避難／要配慮者は早期避難

○原子力施設の状態等に基づく、三段階の緊急事態区分を導入。
その区分を判断する基準（EAL：Emergency Action Lebel）を設定。

○EALに応じ、放射性物質の放出前に避難や屋内退避等を行う。

※入院患者等の要配慮者の避難は、通常の避難より時間がかかるため、EAL（SE）（原災法 10 条）の段階から、避難により健康リスクが高まらない者は避難を開始し、避難により健康リスクが高まるおそれのある者は遮蔽効果の高い建物等に屋内退避する。

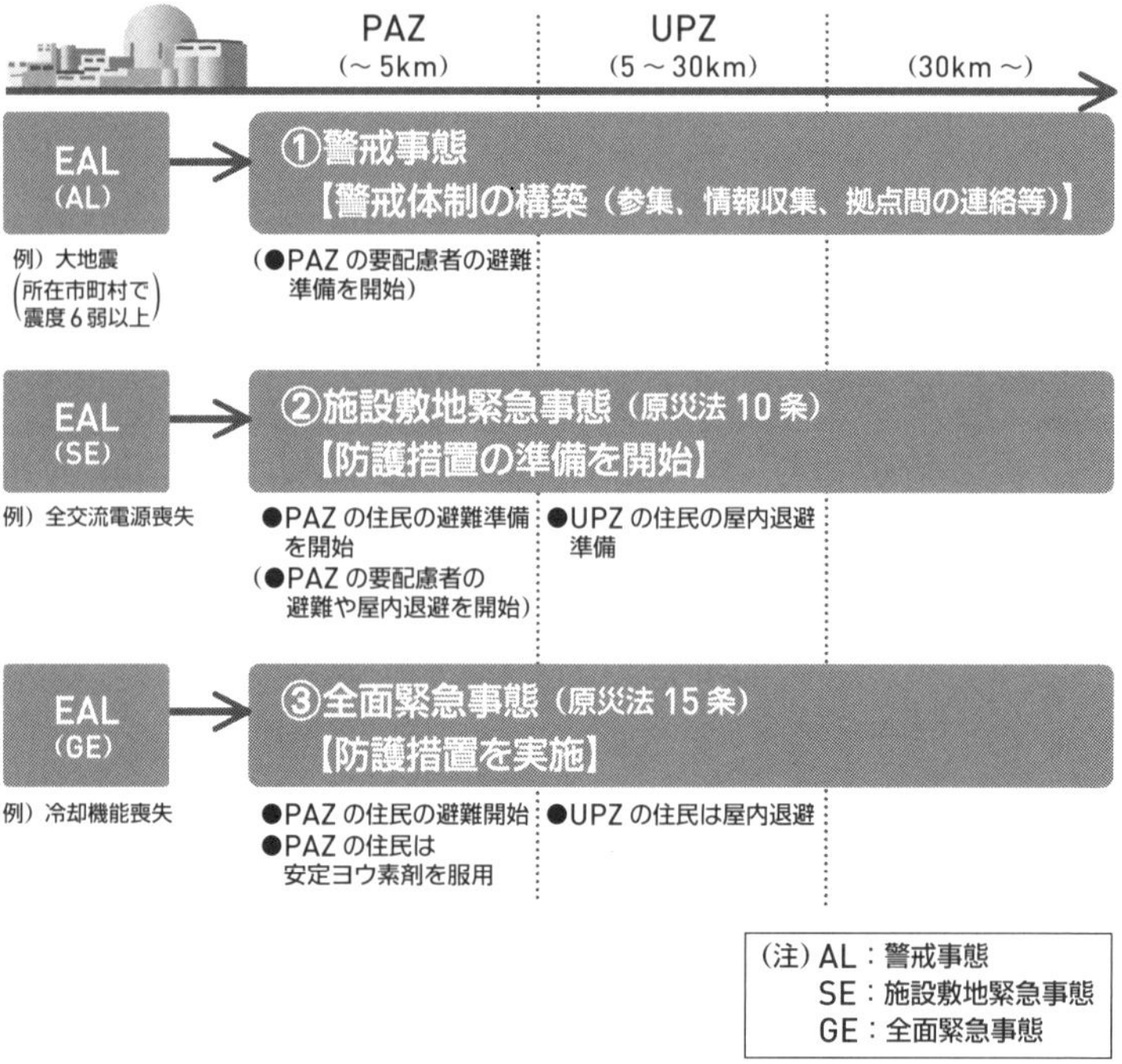

出所：https://www8.cao.go.jp/genshiryoku_bousai/faq/faq.html　より作成。

者の助けを呼ぶ声や、鳴り響くクラクションを聴いたにもかかわらず、救助活動を中止せざるをえなかったのです。あのとき真っ暗闇の中、そして凍える寒さの中、救助を待ちわびていた人々の無念、放射線量が高いといわれて救助活動を断念せざるをえなかった消防団員の無念を我々は決して忘れてはならないのです。

表4は政府広報による原発事故の際の避難計画です。

これを読んでもよくわからないと思いますが、この避難計画の概要は、原発事故時の放射線被曝による影響のリスクを最小限に抑えるという名目のもと、原子力発電所から五キロメートル圏内をPAZとし、五キロメートルから三〇キロメートル圏内をUPZとし、そこに住む住民にそれぞれ違った避難方法を予定しているのです。原発事故が発生した場合、五キロメートル圏内（PAZ）の住民は直ちに避難を開始し、五キロメートルから三〇キロメートル圏内（UPZ）の住民については一斉に避難を始めると渋滞が発生することによってかえって被曝をするという理由で原則屋内退避とされているのです。そもそも福島原発事故の際に原子力委員会委員長の想定した避難区域二五〇キロメートルには根拠があるといえますが、三〇キロメートル圏内の住民が対象となる一方で三〇キロメートル圏外の住民は対象となっていないことにどのような根拠があるのかは不明です。三〇キロメートルは「事故が起きても三〇キロメートル圏内ですめばよいな」という希望的観測に基づくものとしか思えないのです。

五キロメートル以上離れた地域に住む住民は、五キロメートル圏内の住民が次々と避難しているのを眺めながら屋内退避を強いられることになるのです。原発事故の状況と放射線量が刻々と正確に知らされることを前提とした計画ですが、原発事故が実際に起きた場合には、そのようなことはまったく期待できません。わが身に置き換えて考えると、どうしたらよいのかさっぱりわからない、考えれば考えるほど頭がクラクラするような避難計画です。

この表では、警戒事態の例として「震度六弱」が挙げられていますが、震度六弱程度の揺れでは一般家屋が大きく壊れることはありません。震度六弱程度の揺れで原発が危うくなることを自認しているような記載です。震度六弱程度の地震で原発事故が起きた場合でも、原発周辺の一般住宅は倒壊したり大破したりすることがないから、五キロメートル圏内（ＰＡＺ）の住民はすぐに避難を開始できるし、五キロメートルから三〇キロメートル圏内（ＵＰＺ）の住民も屋内退避ができるということでしょうか。これは原発の耐震性が一般住宅よりも低いことを認めているような避難計画といえるのではないでしょうか。

一方、原発周辺の古い住宅が倒壊したり大破するおそれがある震度六強や震度七の地震が発生すれば、現在の原発の耐震性は震度六強や震度七の地震に耐えられないことから、原発で事故が発生する可能性が極めて高くなります。その場合、倒壊した建物に閉じ込められたり、建物が大破することで多くの人がけがを負い自力で逃げ出すことができなくなるとともに、すぐにでも救助等が必要とされる状況が想定されるのです。しかし、放射性物質が拡散し、放射線量が高くなると誰も救助に行くことができません。救助を待ちわびる人々に対して政府はどのような対策を考えているのでしょうか。何も考えていないのでしょうか。それとも、請戸の浜の悲劇が大規模に再現されることを容認しているのでしょうか。

第2章

南海トラフ地震181ガル（震度五弱）問題

1　問題の所在

皆さんは、原発の運転差止裁判で何が争われていると思いますか？

多くの人は「住民側は、強い地震が原発を襲った場合に原発は耐えられないと主張し、電力会社側は、強い地震に原発は耐えられると主張し、裁判所はそのどちらの主張が正しいかを判断している」と思っていることでしょう。これは極めて正常な感覚だと思います。

ところが、現実の裁判の争点は、皆さんの正常な感覚とはかけ離れたところにあります。たとえば、私が担当した大飯原発の訴訟では、関西電力は１２６０ガル[*1]を超える地震に原発が耐えられないことを認めていたのです。それにもかかわらず、関西電力は「大飯原発の敷地に限っては基準地震動である７００ガルを超えるような地震は来ません。ましてや１２６０ガルを超えるような地震は来ませんから安心して下さい」と主張していたのです。

当事者双方とも、原発が強い地震に耐えられないことは認めているのですが、電力会社は「原発敷地に限っては強い地震は来ませんから安心して下さい」と主張しているのです。この電力会社の主張を信用するか否かが原発差止裁判の本質なのです。

ＮＨＫは、「必ず、来る『南海トラフ巨大地震』」というドラマを放映しましたが、南海トラフ地震の規模はマグニチュード9（東北地方太平洋沖地震と同規模で、二〇一一年三月六日に起きたマグニチュード7.8のトルコ・シリア地震の六四倍の規模）になることが想定されています。そして、その人的、物的損害は福島原発事故を起こした東北地方太平洋沖地震の一〇倍と試算されています。このドラマでは、南海トラフ地震の想定震源域に愛媛県の伊方原発と静岡県の浜岡原発があるにもかかわらず、なぜか、南海トラフ地震が起きたら原発はどうなるのかという点については一切触れていませんでした。

運転停止中の浜岡原発はともかくも、現在、伊方原発は運転中なのです[*2]。

「南海トラフ地震が伊方原発を直撃したらどうなるのだろうか、どれくらいの揺れが伊方原発の敷地を襲うだろうか、それに原発は耐えられるだろうか」という誰しもが抱く疑問をなぜNHKは取り上げなかったのでしょうか。原発回帰に舵を切った政府に対する忖度があったかも

＊1　1260ガルという数値は電力会社側も事故が起きる危険性を認めざるをえないクリフエッジ（崖っぷち）といわれる数値です。基準地震動も、クリフエッジも原発ごとにバラバラで、大飯原発の場合には基準地震動は福井地裁の裁判時には700ガル、現在は856ガル、クリフエッジは裁判時も現在も1260ガルです。他方、伊方原発の基準地震動は650ガルでクリフエッジは855ガルです。

しれませんが、先ほども述べたように、より大きな要因は次のところにあると思います。

「伊方原発は原子力規制委員会の審査を経て稼働している。原子力規制委員会がきちんとした審査をしている以上、大丈夫だろう。原子力規制委員会は、南海トラフ地震が伊方原発を直撃したらどのくらいの揺れが襲うかも、そして、その揺れに原発が耐えられるのであろうことも審査しているはずだから心配はない」と原子力規制委員会に信頼を置いていることが大きな要因だと思います。

二〇二〇年三月一一日に広島地裁に提起した伊方原発３号機運転差止仮処分の裁判のなかで、住民側は「南海トラフ地震が伊方原発を直撃したらどうなるのだろうか、どれくらいの揺れが伊方原発の敷地を襲うだろうか、それに原発は耐えられるだろうか」という誰しもが抱く疑問を四国電力に投げかけました。それに対して、四国電力は「**南海トラフ地震が伊方原発の敷地を直撃しても１８１ガル（震度五弱相当）を超える地震は来ませんから安心して下さい**」と答えたのです。

１８１ガルという地震動の予測の合理性を審査すべき原子力規制委員会はこれについての審査をほとんどしていませんでした。広島地裁も広島高裁も、「１８１ガルの地震動予測に合理性がない」という住民側の主張に対して「１８１ガルが信用できないというのなら、南海トラフ地震が伊方原発を直撃した場合に何ガルの地震が来るのかを住民側で立証しなければならない」といって住民側の仮処分の申立てを却下しました。

四国電力の主張やこれをめぐる原子力規制委員会と裁判所の判断は正しかったのでしょうか、四国電力や原子力規制委員会のことを信頼して原発のことにまったく触れなかったＮＨＫの判断は正しかったのでしょうかということが問われることになります。

＊2　「原発は運転していなくても危険なのだから同じことなら運転した方が経済的だ」と主張をする人もいます。しかし、運転していなければ、地震の際に、原発を「止める」ことに失敗するという事故はなくなります。仮に、止めることに失敗すれば地震による軽微な損傷が致命的な事故に結びつき、それを防ぐ手段がないことは電力会社も認めているのです。また、運転をしなれば核燃料はどんどん冷えて行き、「冷やす」ことに失敗するという事故の確率が格段に減り、熱をもたない核燃料は「閉じ込める」ことも容易になるのです。だから、このような主張をする人は安全三原則の意味がわかっていないか、それに目をつぶっているかです。

2 伊方原発新規仮処分について

南海トラフ地震とは

南海トラフ地震は、プレート間巨大地震[*3]であり、わが国における地震に関する最高の権威とされている文部科学省の機関である地震調査研究推進本部の見解は次のとおりです。

地震の規模：マグニチュード（以下「M」で示す）8〜M9クラス

地震発生確率：三〇年以内に、七〇〜八〇パーセント

図1　南海トラフ地震の震源域

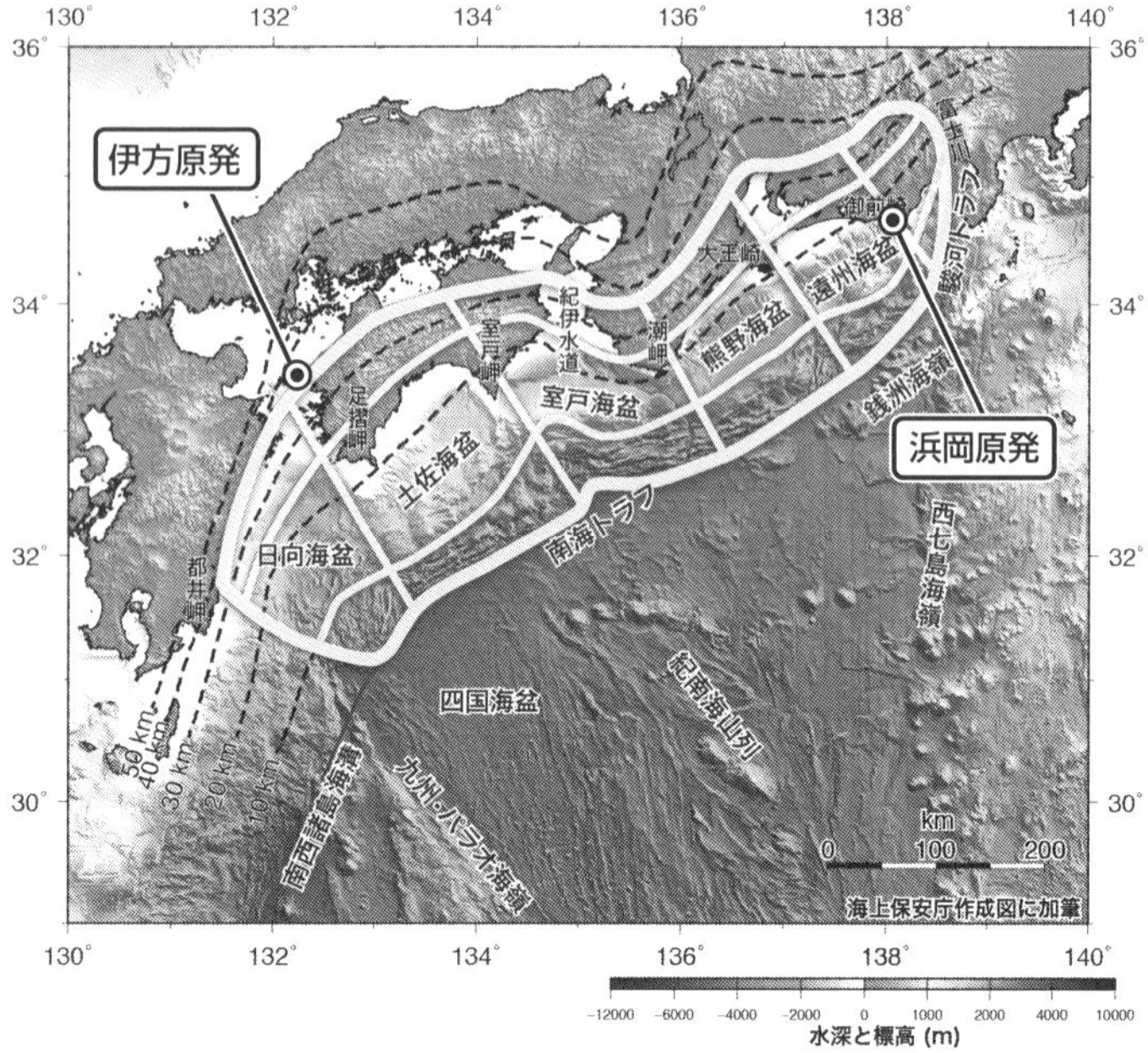

注：太線は最大クラスの地震の震源域を示す。 中太線は震源域を類型化するために用いた領域分けの境界線を示す。破線は本評価で用いたフィリピン海プレート上面の等深線を示す。
出典）地震調査研究推進本部「南海トラフの地震動の長期評価（第二版）について」より。

震源域は図1の地図の太線で囲まれた部分であり、伊方原発は震源域の北端（愛媛県佐田岬半島の根元付近）に位置します。

南海トラフ地震による被害は九州、四国、関西から東海地方にかけての広範囲の国土に及び、最悪で二〇万人を超える人命が失われ、人的・経済的損失は、東北地方太平洋沖地震の一〇倍と試算されています。その規模においても、被害の大きさにおいても、さらに発生確率の高さにおいても、現在わが国で最も恐れられている地震なのです。

＊3　プレートとプレートが押し合うことによって、押された方のプレートが耐えられなくなり跳ね上がることによって起きる地震のうちマグニチュード7.8以上の地震を指します。例えば二〇一一年の東北地方太平洋沖地震や発生が確実視されている南海トラフ地震がこれに当たります。他の地震についてはその発生時期が全く分からないのに対し、プレート間巨大地震については、プレートの動きが一定であるため、一定の周期で起こるとされています。

樋口理論

私は、前著『私が原発を止めた理由』で原発を止めるべき理由について次のように述べました。この論理は「樋口理論」と呼ばれています。

原発を止めるべき理由は、次のとおり極めてシンプルです。

①原発の過酷事故のもたらす被害は極めて甚大で、広範囲の人格権侵害をもたらす。

②それ故に原発には高度の安全性が要求される。

③地震大国日本において原発に高度の安全性が要求されるということは原発に高度の耐震性が要求されるということにほかならない。

④しかし、わが国の原発の耐震性は極めて低く、それを正当化できる科学的根拠はない。

⑤よって、原発の運転は許されない。

新規仮処分について

この樋口理論に基づいて二〇二〇年三月一一日に広島地裁に提起されたのが伊方原発新規仮処分です。この仮処分は住民本人が起案しました。「誰でも理解できる、故に誰でも議論に参加できる、故に誰でも確信がもてる」というのが樋口理論であり、それ故に住民が起案し、積極的に意見を述べ、証拠収集も住民が主体となった裁判でした。これまでの原発訴訟では、このように住民が主体となって訴訟を進めていくことはほとんどありませんでした。

裁判のなかには本案裁判と仮処分があります。原発の差止裁判は、最高裁まで審理されて判決が確定するまでに一〇年以上かかるのが通常ですから、その間に原発事故が起きてしまうと取り返しがつかなくなります。そこで、本案裁判の前にあるいは本案裁判と並行して提起され、審理されるのが仮処分裁判です。もし、この仮処分が認められれば、直ちに法的な効力が生じ、直ちに電力会社は原子炉の運転を止めなければならないのです。[*4]

この裁判が「新規」仮処分といわれるのは、今までの原発運転差止の裁判とは争点が大きく異なるからです。

多くの人は「原発の運転差止の裁判では、原発に強い地震が来たときに原発が耐えられるかどうかが争われているはずだ。住民側は強い地震に原発は耐えられないと主張し、電力会社側

＊4　福島原発事故後において原発の運転差止の仮処分が認められたのは、次のとおりです。①二〇一五年四月一四日、福井地方裁判所、関西電力高浜原発3、4号機、②二〇一六年三月九日、大津地方裁判所、関西電力高浜原発3、4号機、③二〇一七年一二月一三日、広島高裁、伊方原発3号機、④二〇二〇年一月一七日、広島高裁、伊方原発3号機

は強い地震に原発は耐えられると主張し、どちらの主張が正しいかを裁判所が判断しているだろう」と思っているのです。この考えは、極めて真っ当なものです。なぜなら、この考えは「原発は強い地震に備えるべきである」という健全な社会通念と、到来するであろう地震の強さなどは予知予測できないという骨太の科学論に支えられているといえるからです。

ところが、伊方原発ではクリフエッジ（崖っぷち）855ガルを超える地震が来れば伊方原発は耐えられないことについては争いがないのです。広島新規仮処分においても、四国電力は「伊方原発の敷地には基準地震動である650ガルを超えるような地震は来ませんし、ましてやクリフエッジである855ガルを超えるような地震は来ませんから安心して下さい」と主張しているのです。

これらの電力会社の主張を信用できるか否かが原発差止裁判の本質です。たったこれだけの話なのです。しかし、多くの人は「原発差止裁判は高度の専門技術裁判で難解である」という先入観をもってしまっているためにその本質になかなか気付かないのです。

このような電力会社の主張を知ったならば、健全な社会通念と科学性をもっている人はどのように考えるでしょうか。電力会社が主張する650ガル（伊方原発の基準地震動）という地震や855ガル（伊方原発のクリフエッジ）という地震は滅多にないといえるほどの強い地震なのか、各原発敷地ごとに最高の地震動、すなわち、「○○ガルを超える地震は原発敷地に限っては到来しません」といえるほど地震学は発達しているのだろうかという疑問が湧くでしょう。その素直な疑問や発想に基づく理論が「樋口理論」であり、従来の裁判の争点とまったく違った争点を提示しているのです。

従来の裁判では、原発の施設や地盤が原子力規制委員会の策定した技術的な規制基準に合致しているかどうかを審理の対象としてきました。たとえば、規制基準によって原子炉の下に活断層（地震によってできた断層で今後も地震活動が見込まれるもの）が走っていれば原発の運転は許されなくなります。そこで、①原発の敷地の近くを走っている断層が地震によって生じたものか大雨等による地崩れによって生じたものか、②地震によって生じたものだとしても一〇万年前に起きた地震か一万年前に起きた地震か、③一万年前に起きた地震によるものだとしてもその断層が原子炉の下まで伸びているか等に関する調査方法や評価をめぐって法廷は学術論争、技術論争の場となっているのです。双方から一〇〇通以上の書面と一〇〇〇通以上の証拠書類が提出されて、大きなロッカーもすぐに一杯になってしまいます。

従来の裁判では、電力会社の想定した地震動、たとえば181ガル（南海トラフ地震に係る地震動想定）や650ガル（伊方原発の基準地震動）という数値が、わが国の実際の地震観測記録に照らしてどのような水準にあるのかの議論は一切されてこなかったのです。広島地裁に申し立てられた新規仮処分では、住民側は、当初から伊方原発の基準地震動650ガルが地震の観測記録に照らして高いのか低いのかを問題にしていたのです。そのため必然的に、どのような計算過程によって650ガルや181ガルという数値が導かれたのかということよりも、計算結果である650ガルや181ガルという数値が、わが国の地震観測記録上いかなる水準にあるのかに焦点が当たることになります。要するに650ガルや181ガルという地震がこれまでの地震観測記録に照らして、ありふれた地震なのか、滅多にない強い地震なのかを論じることになります。

私たちの最大の関心事である「原発の耐震性は高いのか低いのか」が、これまでの裁判において主たる争点とならなかった原因は次のところにあります。わが国は地震大国といわれながらも、地震観測網が整備されていなかったのです。そのため、たとえば基準地震動650ガルといわれてもそれがありふれた地震なのか、滅多にない強い地震なのかがわからなかったのです。一九九五年の兵庫県南部地震（阪神淡路大震災）を契機として全国各地を網羅するような地震観測網が整備され始め、二〇〇〇年ころにようやく完成しました。したがって、近時まで地震観測記録という客観的資料に基づいて基準地震動が高い水準なのか、低い水準なのかを判断するという手法をとることができない状況でした。そこで、国や電力会社が示す専門技術分野の資料を分析して、基準地震動策定過程における調査や分析方法に不合理な点があったどうかを問題とするしか方法がなかったのです。そのため、必然的にその資料の分析等をめぐって原発の運転差止訴訟は専門技術訴訟とならざるをえなかったのです。しかし、今や、この二〇年間余の地震観測記録という客観的で科学的な資料に基づいて原発の耐震性が高いのか低いのかという事実に向きあう本当の意味での科学裁判ができるようになったのです。そして、同時に「現在の地震学に地震の予知予測をする能力があるのか、特に原発敷地ごとに何ガル以上の地震は将来にわたってきません」というような予知予測をする能力が地震学にあるのかという骨太の科学論争をすることこそが裁判所に求められているのです。

次の項から裁判における当事者の主張の内容に入ります。もしも難しそうだと思われたら、読み飛ばしてもらっても大丈夫です。第3節「新規仮処分広島高裁決定について」から読み進めて下さい。

基準地震動の定め方と従前の訴訟の争点

わが国の原発は、次に挙げる①、②、③、④のなかで、一番高い地震動の数値を基準地震動と定めています。

①内陸地殻内地震（すでに知られている活断層が動いて起きる地震、たとえば二〇一六年の熊本地震）によって想定される地震動

②プレート間地震（プレートとプレートが押し合うことによって、押された方のプレートが耐えられなくなり跳ね上がることによって起きる地震、たとえば二〇一一年の東北地方太平洋沖地震や発生が確実視されている南海トラフ地震）によって想定される地震動

③海洋プレート内地震（海側のプレート内で起きる地震、たとえば一九九三年の釧路沖地震）によって想定される地震動

④震源を特定できない地震（①ないし③の類型に入らない地震、たとえば二〇〇八年の４０２２ガルを記録した岩手宮城内陸地震）によって想定される地震動

基準地震動は①から④のなかで一番高い数値を採用しているということが重要です。それぞれの地震動の数値の策定過程・計算過程は少なくとも本書の理解においては重要ではありません。

伊方原発の場合は、①伊方原発の北約一〇キロメートルを東西に走行している中央構造線である活断層が動いて内陸地殻内地震が発生した場合に、伊方原発の敷地に到来する地震動が６

50ガルと計算されました。650ガルという数値が、②ないし④の地震類型の各数値に比べて一番高い数値であったことから、650ガルが伊方原発の基準地震動となりました。

そこで、従来の訴訟では、その中央構造線付近の地盤の調査等が十分であったかどうか等をめぐって主張が闘わされてきました。要するに基準地震動の策定過程の合理性の有無が争われていたのです。基準地震動の策定過程の合理性の有無を判断するためには、地震学や地学の専門的知見や知識が必要不可欠でした。

これに対して、新規仮処分では、基準地震動の策定過程の合理性の有無ではなく、策定結果（数値）の合理性の有無を問題にしています。その場合、内陸地殻内地震（中央構造線の地震）に係る地震動想定の数値だけでなく、プレート間地震（南海トラフ地震）に係る地震動想定の数値の妥当性、合理性も検討されることになります。

このことを図示すると図2のようになります。

ここで②のプレート間地震である南海トラフ地震に係る想定地震動181ガルが信頼できない数値だとすると、論理必然的に、伊方原発の基準地震動650ガルも信頼できないということになるわけです。これが南海トラフ地震の地震動想定181ガル問題のポイントです。

別々の場所で体重測定をした者のなかから一番体重の重い人を選ぶ場合に、たとえ選ばれた

図2　この裁判の争点

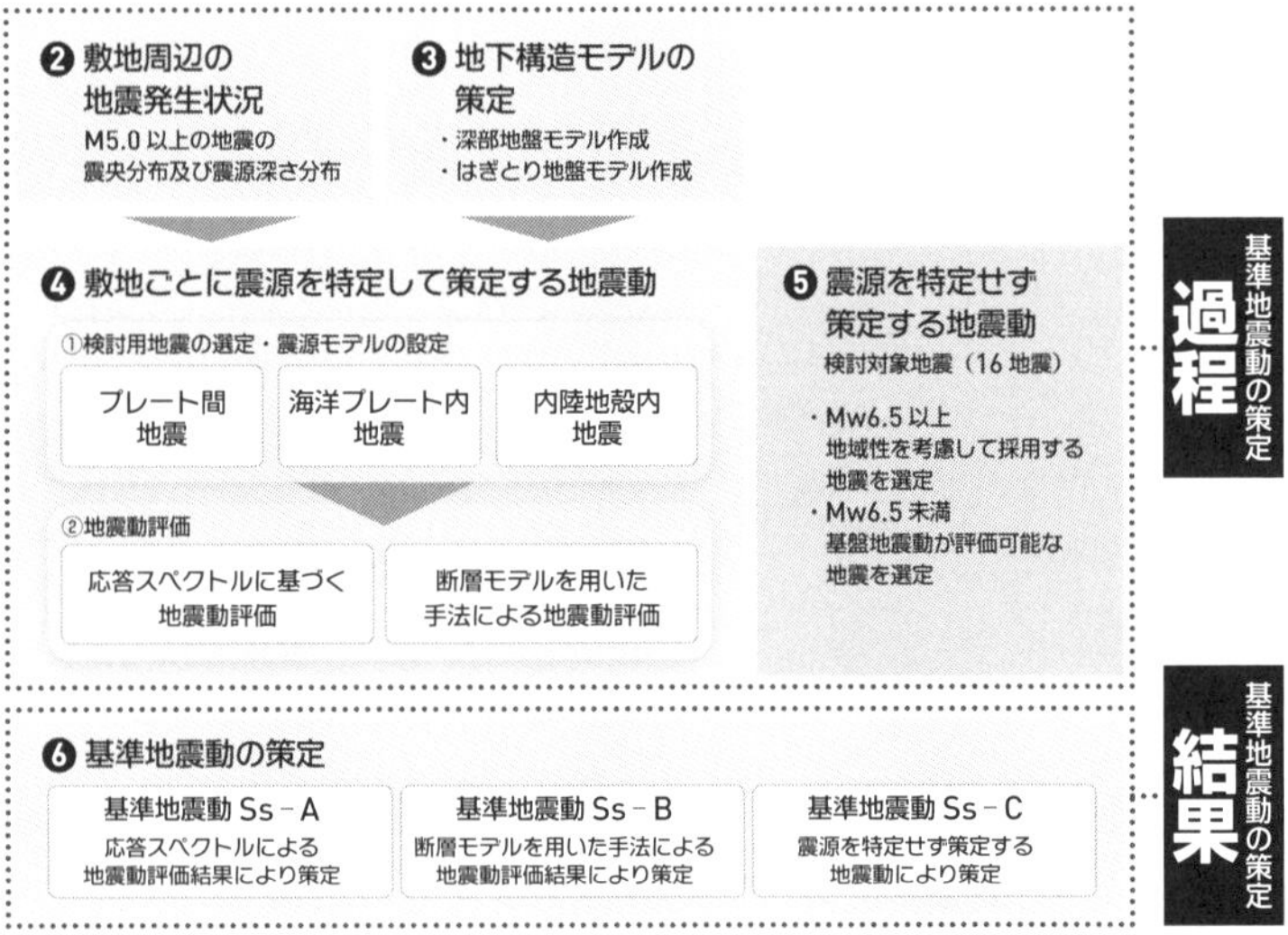

人の体重測定が信頼できるものであったとしても、他の人の体重測定が信頼できるものでなければ、選ばれた人が本当に一番体重が重いとはいえなくなるし、また、一番重い人の体重がいくらであるかも不明となってしまうのと同じです。

基準地震動は原発の耐震設計基準であり、それを超える地震は来ないことを前提に耐震補強をしているのです。四国電力の南海トラフ地震に係る地震動想定181ガルが信頼できないということになれば、伊方原発の基準地震動650ガルも論理必然的に信頼できなくなります。そうなると、現在の基準地震動を超える地震によって過酷事故が起きる可能性が否定できなくなるのです。過酷事故の可能性がある以上、伊方原発の運転は許されないことになります。

南海トラフ地震181ガル問題と伊方原発最高裁判例

四国電力は、「南海トラフ地震が伊方原発直下で起きても、①震源の深さが四一キロメートルと深いこと、②伊方原発の敷地の岩盤が固いことを考慮に入れて計算した結果181ガルという数値が得られた」と主張したのです。181ガルは「震度五弱」に相当し、「震度五弱」は気象庁によると、「棚から物が落ちることがある、希に窓ガラスが割れて落ちることがある」という程度の揺れです。

私は、四国電力の「マグニチュード9が予想される南海トラフ地震が伊方原発を直撃しても、伊方原発の敷地には181ガルを超える地震動は来ない」という主張を聞いて、住民側勝訴を確信したのです。その理由は次のところにあります。

原発差止訴訟の指針となっている伊方原発最高裁判例（一九九二年）の要旨は次のとおりです。

・裁判所は、原発の危険性の有無を直接判断する必要はなく、規制基準自体の合理性や規制基準の適用の合理性を審査すればよい。
・規制基準自体が合理的で、規制基準の適用も合理的であることを被告が立証できなかった場合には、住民側が勝訴する。

・規制基準の合理性や規制基準適用の合理性の判断基準は最新の地震学の知見に依るべきである。

したがって、原子力規制委員会が規制基準の適用を間違ったり、審査を怠ったりすれば被告(国または電力会社)が負けることになります。

この伊方原発最高裁判例の判断枠組みは、原発差止裁判において広く用いられ、多くの学者もこれを支持してきました。伊方原発最高裁判例は、もともとは行政事件(住民が国を相手に原発の稼働許可の取り消しを求める訴訟)についての判決でしたが、民事事件(住民が電力会社を相手に運転を止めることを求める訴訟)においても広く適用されています。

行政事件の判決が民事事件に適用される理由は次のところにあります。

原発は停電や断水するだけで重大事故に繋がってしまいますが、その停電や断水をもたらす最も大きな要因はわが国においては地震です。地震は、いつ、どこで、どのような規模で起きるかがわかりません。したがって、実際の裁判において、基準地震動を超える地震が現実に到来する危険性があるかどうかや、地震の発生時期が主たる争点になることはないわけです。地震の性質上、私たちは常に地震による原発の過酷事故の危険にさらされているといえます。しかし、「原子力規制委員会が合理的な内容の規制基準を合理的に適用した場合に限って、原発の過酷事故が発生する可能性は社会通念上無視できるほど小さいと見なして、例外的に原発の運転を認めましょう」というのが現在の法制度だと考えられます。つまり、「被告に厳格な立証責任を負わせることによって例外的に運転を認めましょう」という考え方です。

この考え方は、行政事件でも、民事事件でも通用する考え方です。だから、これまで多くの裁判官が伊方原発最高裁判例の判断枠組みを採用してきたのです。

このように、原発運転差止裁判において、被告に立証責任を負わせているにもかかわらず、なぜ、原告住民側敗訴の判決や決定が多いのでしょうか。それは、原発運転差止裁判が専門技術裁判とされていたところに理由があります。裁判官は専門技術知識も知見ももちあわせていません。専門技術知識に基づく両当事者の論争を聞いても、それを本当に理解できる裁判官はほとんどいないと思われます。一生懸命理解しようとして、やっと、理解できたところには転勤なのです。消化不良になった裁判官は、「専門技術知識をもっている原子力規制委員会の審査に合格したのだから、それでいいのではないか」と考えてしまうのです。すなわち、「原子力規制委員会の審査に合格している」という事実によって、本来ならば被告がしなければならない「規制基準が合理的に適用された」という立証がなされたものと見なされてしまっているのです。

しかし、今回の新規仮処分裁判では、裁判所は、原子力規制委員会の審査に合格したことを理由に、四国電力が立証責任を果たしたものとみなす考え方を採ることができません。何故なら、今回の新規仮処分裁判では、裁判所が住民側の主張の是非を判断するに当たって、何ら専門技術知見や知識を必要としないからです。この裁判で住民側は、南海トラフ地震について「①四国電力は、規制基準に反した地震動想定をしたのではないですか。②その結果あまりにも低水準である181ガル（震度五弱）という地震動想定をしたのではないですか。③そして、それを原子力規制委員会も見過ごしたのではないですか」という指摘をしました。この住民側の指摘が正しいかどうかの判断をするに当たって専門技術知見や知識はまったく不要なのです。

四国電力が反した規制基準、そして、原子力規制委員会がその適用を見過ごした規制基準とは次の規制基準のことです。

基準地震動ガイド（Ⅰ5・2(4)項）の「**基準地震動は、最新の知見や震源近傍等で得られた観測記録によってその妥当性が確認されていることを確認する**」（以下「本件規定」と略す）です。

本件規定によると、基準地震動は「最新の知見」によっても、「震源近傍等で得られた観測記録」に照らしても、妥当であることが要求されています。そして、本件規定における「最新の知見」のうち、最も重要なのは一九九五年の兵庫県南部地震（阪神淡路大震災）を契機として地震観測網が整備された結果、この二〇年余の間に判明した次の科学的知見です。

わが国には１０００ガルを超える地震動が数多く発生し、２０００ガルを超える地震動もあり、最高４０２２ガルの地震動さえ記録されました。したがって、１８１ガル（四国電力が算出した南海トラフ地震の地震動想定）はもちろん、６５０ガルの地震動（伊方原発の基準地震動）も平凡な地震動にすぎないことが判明したのです。そして、「震度七は４００ガル以上に相当する」という河角の式[*5]も、「９８０ガル（重力加速度）を超える地震動はない」という地震学における知見もその正当性が完全に失われてしまったのです。[*6]四国電力は、地震学におけるこれらの最新の知見との照合を怠ったため、１８１ガル（震度五弱相当）という極めて不合理な地震動想定

＊５　地震学者河角廣氏は、一九四一年ころ、過去の地震の震度と加速度に規則性があるとして、その関係を次のとおり「河角の式」としてまとめました。この式は近時まで信頼を得ていました。

震度七：４００ガル〜　　震度六：２５０〜４００ガル程度

震度五：80〜２５０ガル程度　　震度四：25〜80ガル程度

＊６　住民側は「これ以上大事な知見があるなら教えて欲しい」と四国電力にいったのですが、四国電力は、これについて反論することも他に主張することもなく、沈黙したままでした。

をしてしまったのです。

従来の裁判では、原子力規制委員会の定めた規制基準のなかで、専門的で技術的な事項に関する規定が重視されていましたが、今回の新規仮処分裁判においては、本件規定を最も重要な規定と考えているのです。住民側は、裁判において、基準地震動の策定結果である数値の合理性を争点としています。裁判において住民側が本件規定に基づいて、基準地震動の策定過程ではなく、策定結果である数値を重視しているのは次の理由によります。

たとえ精緻な理論に基づく計算結果であったとしても、それが実験や観測によって得られた客観的記録やそれに基づく知見との間で整合性をもたないかぎり、科学的正当性があるとはいえないのです。その科学性を担保する極めて重要な規定が本件規定だといえるのです。また、本件規定は伊方原発最高裁判例の「規制基準自体の合理性及びその適用の合理性の有無は最新の知見によって判断されるべし」という法理を反映したものといえることからも極めて重要な規定だといえるのです。

裁判所は、この科学性と最高裁の示した法理に依拠した本件規定に基づいて四国電力の地震動想定の結果の数値が合理性をもつものかを検証しなければならないのです。

本件規定の「最新の知見」や「観測記録」に基づくと、四国電力が算出した南海トラフ地震に係る地震動想定181ガル（震度五弱）の不合理性が明白となります。四国電力は、「マグニチュード9の南海トラフ地震が伊方原発直下で起きても、伊方原発敷地には、わが国の地震観測記録によるとまったく平凡な地震動である181ガル（震度五弱）しか到来しない」と主張しているのです。

サッカーにたとえるとオウンゴールです。

私が、新規仮処分裁判で住民側が勝訴するだろうと思った理由です。

181ガルはまったく平凡な地震動

四国電力は、マグニチュード9の南海トラフ地震が伊方原発を直撃しても181ガルを超えないということを、①震源の深さが四一キロメートルであること、②伊方原発周辺の地盤が固いということで説明しました。しかし、震源の深さ四一キロメートルは特に深い地震とはいえないし、181ガルを超える地震はわが国では地盤の固いところも柔らかいところも含めていくらでも来ている地震です。181ガルは震度五弱に相当し（四四頁の表3参照）、震度五弱は気象庁によると、「棚から物が落ちることがある、希に窓ガラスが割れて落ちることがある」という程度の揺れです。四国電力は、南海トラフ地震が伊方原発直下で起きても原発敷地だけがまったく異空間であるといっているようなものです。

図3　四国電力の資料

最大加速度・最大速度のいずれかのみが大きくても被害には結びつかない

○兵庫県南部地震等の地震で得られた観測記録と建物被害との比較から、最大加速度・最大速度のいずれかのみが大きくても被害には結びつかないことが示されている。

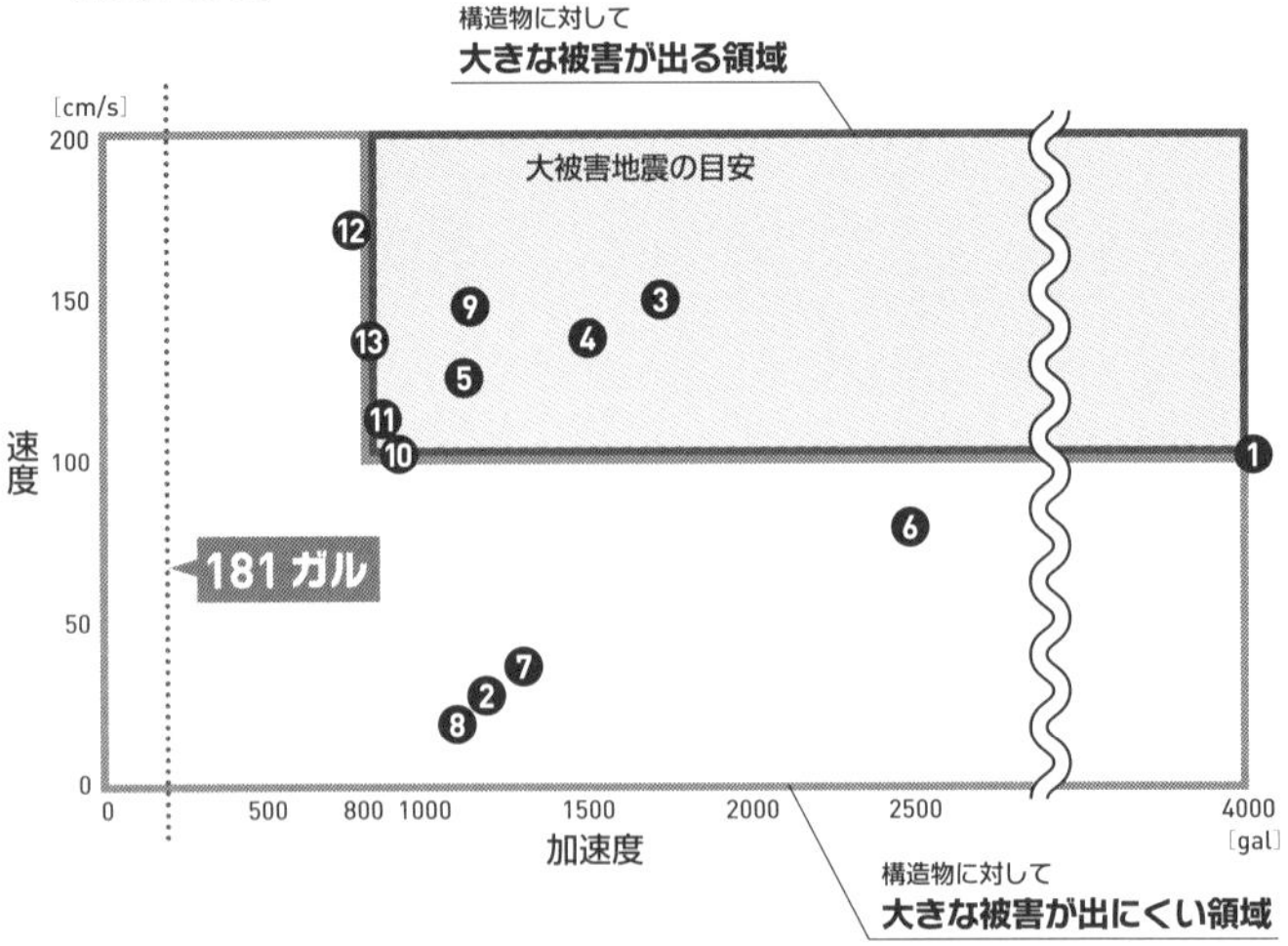

❶ 2008年 岩手宮城内陸地震
❷ 2008年 岩手県沿岸北部地震
❸〜❻ 2004年 新潟県中越地震
❼❽ 2003年 宮城県沖地震
❾ 2000年 鳥取県西部地震
❿ 2007年 能登半島地震
⓫〜⓭ 1995年 兵庫県南部地震
における観測地点の観測データを示している。

二〇二三年二月六日に発生したトルコ・シリア地震はマグニチュード7.8の巨大地震だったのですが、それでもマグニチュード9の南海トラフ地震に比べればそのエネルギー量は六四分の一にすぎません。トルコ・シリア地震は、震源から五〇キロメートル以上離れたシリア国境を越えてシリア国内にも大きな人的・物的被害をもたらしました。

　わが国では、幸いにも、少なくとも近代（明治以後）において陸域を震源とするプレート間巨大地震はなかったため、国民の誰も直下で起きたプレート間巨大地震を経験したことはありません。マグニチュード9の東北地方太平洋沖地震は海域で起き、一〇メートルを超える津波を広範囲に引き起こしました。それと同規模の南海トラフ地震が伊方原発の直下で起きた場合の様子を想像するだけで身震いします。

図3は、四国電力が裁判の終盤になって、「建物等の構造物を破壊する力は、加速度（ガル）だけでなく、速度（カイン）も大きく影響している」ということを示すために提出された資料です。

そもそも住民側は地震によって建物等の構造物や原子炉が壊れることを恐れているのではなく、地震によって停電したり電気系統の誤発信[*7]によって原発事故が起きることを恐れているのですから、四国電力が提出した資料は反論になっていないのです。しかし、この図によって明

＊7　地震によって、たとえば、弁の開閉を示す信号が誤発信するだけで従業員の誤った判断を招き事故につながります。

らかになったことは、加速度（ガル）が181ガルでは、どんなに速度（カイン）が高くても建物等の構造物には損害が生じないということです。181ガルが、いかに、低水準の地震であるかを如実に示してくれている重要な図であるといえます。これもまた、オウンゴールといえると思います。

住民側はここまでに述べた理由だけでなく、次のようなさまざまな地震観測記録を挙げて181ガルがいかにあり得ない数値であるかを主張立証しました。

二〇〇〇年以後のわずか二〇年間余で伊方原発の基準地震動である650ガルを超える地震動を記録した地震は三〇回以上に及んでおり、181ガルを超える地震動を記録した地震は優に一八〇〇回を超えています。

たとえば、二〇一八年九月六日の北海道胆振東部地震は、M6.7、震源の深さが三七キロメートルで、四国電力が想定する南海トラフ地震の震源の深さ四一キロメートルと大差ない地震でした。震源の深さが四一キロメートルという地震は四国電力が主張するような特に震源が深い地震ではなく、震源の深さとしては普通の地震であることが確認できます。

北海道胆振東部地震の加速度は1796ガルでした。1796ガルを記録した観測地点から震央（震央とは地震が発生した地点（震源）の真上に当たる地表または海面をいいます）までの距離は二六キロメートルでした。五か所以上の観測地点で伊方原発の基準地震動である650ガル以上の地震動が観測され、181ガル以上の地震動を観測した地点は二〇か所以上でした。M9の南海トラフ地震は、M6.7の北海道胆振東部地震の2000倍以上のエネルギーを有することになります（Mは〇・二ごとにエネルギー量が二倍大きくなり、一違えば三二倍大きく、二違えば一〇〇〇倍大きくなるのです）。

東北地方太平洋沖地震と対比してみましょう。二〇一一年三月一一日東北地方太平洋沖地震はM9、震源の深さは二四キロメートルと四国電力が想定する南海トラフ地震の震源の深さ四一キロメートルよりは浅いものの、牡鹿半島の東南東約一三〇キロメートルの沖合で発生しました。加速度2933ガルの地震動をもたらし（同観測地点から震央までの距離は一七五キロメートル）、三〇か所以上の観測点で伊方原発の基準地震動である650ガル以上の地震動を記録し、181ガル以上の地震動を観測した地点は二〇〇か所以上でした。また、震央から三八八キロメートルの距離にある東京都新宿の観測地点において202ガルを記録しています。福島第一原発は震央から一八〇キロメートル離れていたにもかかわらず675ガルの地震動が硬い岩盤である解放基盤表面で観測されました。

以上により、南海トラフ地震が伊方原発直下で起きても伊方原発敷地には181ガル（震度五弱）しか来ないということは極めて考えにくいのです。

四国電力を含む電力会社の地震動策定過程は大変複雑です。複雑な計算過程を経て導き出された数値だからこそ、検算の必要性が高くなるといえます（これは私たちが学校で学んだことです）。検算として最も有力で簡明な方法は、計算結果の数値と実際の地震観測記録とを照らし合わせることです。これまで述べたように、地震観測記録と照らし合わせてみると、四国電力の「南海トラフ地震が伊方原発直下で起きたとしても、伊方原発敷地には181ガル（震度五弱）しか来ない」との主張は極めて現実離れしたものです。南海トラフ地震の地震規模は東北地方太平洋沖地震に匹敵するものになることが予想されています。震央から三八八キロメートル離れた東京都新宿で181ガル以上の地震動をもたらした地震に匹敵する規模の地震が起きても、その直上の伊方原発敷地において181ガルの地震動しかもたらさないということが果たしてありえるのでしょうか。

マグニチュード9以上の地震は、世界中でもこの一〇〇

写真1

年間で五つしかありません。[*8] そのなかで、震源が陸地に近かったのが一九六四年三月二八日に発生したM9.2のアラスカ地震です。写真1は震源に近い森林の様子です。写真2は震源から一二〇キロメートル離れたアンカレッジ市内の様子です。マグニチュード9クラスの地震がもたらす地震動とその被害はこういうものなのです。

　これらの説明を受ければ、地震学の知識がない素人でも、容易に「南海トラフ地震が伊方原発直下で起きたとしても伊方原発敷地には181ガル（震度五弱）しか来ない」とい

写真2

*8
①	一九五二年一一月四日	カムチャッカ地震	M9.0
②	一九六〇年五月二二日	チリ地震	M9.5
③	一九六四年三月二八日	アラスカ地震	M9.2
④	二〇〇四年一二月二六日	スマトラ島北部	M9.1
⑤	二〇一一年三月一一日	東北地方太平洋沖地震	M9.0

う主張がいかに不合理であるかが分かるはずです。

南海トラフ地震に係る181ガル（震度五弱）という数値は、地震観測記録という客観的資料に目を向けることなく、もっぱら仮説と推測の世界において算出された計算結果といわざるをえないのです。住民側は、地震観測記録という客観的な事実に照らして四国電力の地震動想定の合理性の有無を検証するという最も基本的で最も科学的な手法によって、四国電力の主張する181ガルという地震動が合理性に欠けることを明らかにしました。

そのうえで、住民側は、四国電力において、「181ガルに合理性があるという主張を維持するならば、四国電力が、①地震動を低める特別な要因が伊方原発の敷地にあること、②その要因がどの程度地震動を低めているのか等を立証すべきだ」と主張したのです。

電力会社の弁解：地盤特性、地域特性がある

電力会社は、電力会社の想定した地震動と実際の地震観測記録の地震動とを比べるのを嫌います。基準地震動（原発の耐震設計基準）の低さ、すなわち原発の耐震性の低さが誰の目にも明らかになってしまうからです。「岩盤の揺れと普通の地面の揺れを比べてはいけない」と電力会社が主張していること、その主張に理由がないことは第1章で述べたとおりですが、181ガル問題についても四国電力は次のような主張をしています。

地震動の大きさを決めるのは、マグニチュードと震源からの距離だけではなく、地盤の特性や、地震動の伝わり方、地域の特性や各地震ごとの特性もある。これらの特性を分析しないまで、基準地震動や想定地震動と過去の実際の地震観測記録とを対比し、高い低いを論じるべきではない。

住民側の反論

住民側は、地盤特性や地域特性等の要素が地震動に影響を与えることを否定しているわけではありません。

たとえば、施設の設置管理者から「この橋梁は、風速□□メートルを超える風によって落下の危険があるが、この地点では風速□□メートルを超える風は吹きません」あるいは「このダムは、上流で一日あたり△△△ミリメートルを超える雨が降れば、放水量を超えてしまい決壊のおそれがあるが、このダムの上流地域では一日あたり△△△ミリメートルを超える雨は降りません」と説明された場合、その説明に疑問をもった者はどのように考えるでしょうか。提示された詳細な資料を点検分析する前に、まず実際の気象観測記録において風速□□メートル、一日あたり△△△ミリメートルの雨量がわが国において高い水準にあるのか、低い水準にあるのかを調べるでしょう。この風速や雨量がめったにないといえるほどの高い水準にあるとするならば、そのような自然現象に関する上限を画するような将来予測が可能かという問題をひとまず置くとして、納得する人も多いと思います。他方、風速□□メートル、一日あたり△△△ミリメートルという数値を上回る数値が全国各地で頻繁に観測されているような、いわば低水準の風速、雨量であった場合には、なぜ当該地点においてはそのような低水準の風速、雨量で収まるかの説明を、当然に、設置管理者に求めるはずです。そして、そもそものような低水準のものを上限とする将来予測をする能力が今の気象学にあるのかという強い疑問を抱くことになり、その点についても施設の設置管理者は説明しなければならないはずです。これらの点について施設の設置管理者から納得できる説明がないかぎり、誰も、問題となっている橋梁とダムが安全だとは思わないはずです。この場合、低水準ではないかと疑問をもった者が、地形や地域の特性等を分析したうえでなければ、施設管理者の主張する風速や雨量と過去の気象観測記録とを比べてはならないとは誰も思わないはずです。

これは論理的な思考であると同時に、また、「たとえ精緻な理論的根拠に基づく知見であったとしても、それが実験や観測によって得られた結果との整合性が認められないかぎりは科学的な裏付けがあったとはいえない」という基本的な科学理念に沿ったものだといえます。そして、本件規定は、この基本的な科学理念に沿った極めて重要な規定なのです。

さらに、住民側は南海トラフ地震181ガル問題に関して、「上陸時点で中心気圧九三〇ヘクトパスカルで最大瞬間風速七五メートルの風速を記録した伊勢湾台風と同じ中心気圧の台風が直撃してもその地点には一八メートルを超える風は吹かないと主張するのなら、台風ごとの特徴や地形等を分析して一八メートルという数値の正当性を立証しなければならないのは、その数値の正当性を主張する側のはずです」とさまざまな例[*9]を挙げて四国電力に反論しました。

風速であろうが、雨量であろうが、加速度（ガル）であろうが、スポーツ記録であろうが、他に客観的な数値が多数出ているかぎり、その数値が高い水準にあるのか低い水準にあるのかはわかります。もちろん、低い水準であっても高い水準と同等の評価が与えられる場合もあるでしょう。その場合には、それを主張する側においてその理由を示さなければならないと考えるのが普通ではないでしょうか。突飛なことをいう人を頭から否定してはいけませんが、その人は自分のいっていることを信じてもらうために証明しなければならないはずです。

これらの住民側の反論に対して四国電力は黙ってしまいました。

＊9　法律の分野では不動産の評価に関する鑑定においては、収益還元法や路線価を元に机上の計算による不動産の評価だけでなく、必ず取引事例の検討がされなければならないこと、机上の計算と取引事例が食い違う場合はその理由を鑑定人において説明すべきことなどの例を挙げています。

原子力規制委員会の審査

石川県の志賀原発について原子力規制委員会は、活断層が原子炉等の重要施設の下を横切っているかどうかを七年以上にわたり審査してきました。

このような原子力規制委員会の審査の時間軸からみれば、「南海トラフ地震が伊方原発を直撃すればどの程度の揺れが原発敷地を襲うであろうか」という審査にはどれくらいの時間がさかれただろうかと思って、住民側は四国電力に審査の資料の提出を求めました。

平成二六年五月二三日付第一一四回原子力発電所の新規制基準適合性に係る審査会合の動画[*10]（以下「審査会合動画」という）によれば、南海トラフ地震の想定地震動181ガルの記載がなされているスライドはたった一枚で、四国電力による一時間一〇分以上の説明時間のうちで当該スライドの説明がなされたのは一八秒間だけでした（審査会合動画四二：五三～四三：一一）。また、当該一八秒間で四国電力が口頭で説明した内容は、「四国電力の南海トラフ地震の地震動評価が基準地震動を下回る結果になった」というだけで、南海トラフ地震の想定地震動の数値が最大181ガルであったことについてはまったく説明がなされていませんでした。

また、四国電力の説明後に審査委員等からの質疑がありましたが、南海トラフ地震についてはは何ら質疑がなされませんでした。ということで、南海トラフ地震に係る地震動想定181ガルが合理的かどうかについては一切言及がなかったのです。原子力規制委員会の委員等の誰一人として「１８１ガルという数値は低いのではないか」という疑問を呈することがなかったのです。四国電力は１８１ガルという数値を明示せずに、たったの一八秒間で南海トラフ地震の地震動想定の説明を終えたため、そもそも審査委員等が１８１ガルという数値を認識できていなかった可能性もあるのですが、仮に認識していたとすれば、地震観測記録[*11]を見たことのある者なら誰でも抱く疑問を規制委員等の誰も抱かなかったということに驚きを禁じえません。

地震動想定１８１ガルという数値は、南海トラフ地震の震源や強震動生成域[*12]が伊方原発の直下にあったとしても、１８１ガルを超える地震動が原発敷地に到来することはまず考えられないという数値なのです。しかし、議事録やこの審査会合動画からは、「１８１ガルを超える地震動が原発敷地に到来することは考えられない」ということが合理的であるといえるかを審査し

＊10　第一一四回 原子力発電所の新規制基準適合性に係る審査会合（平成二六年五月二三日）
https://www.youtube.com/watch?v=6M-kgoE79aE&t=7815s

＊11　過去の地震のデータは簡単に検索できます。
防災科学技術研究所強震観測網　https://www.kyoshin.bosai.go.jp/kyoshin/
気象庁震度データベース検索　https://www.data.jma.go.jp/svd/eqdb/data/shindo/index.html

＊12　地震の震源域の中でも特に強い揺れをもたらすとされる部分。

なければならないという意識がまったくうかがえないのです。原子力規制委員会の議事録や審査会合動画からは、「基準地震動を下まわっているのだから181ガルの地震動想定については実質的な審査の対象としなくてもよい」という辻褄合わせの姿勢しかうかがえないのです。

伊方原発最高裁判例も原子力規制委員会が審査を誤ったときは原告勝訴としていますし、また審査を怠ったときも原告勝訴と明示しています。

このような原子力規制委員会の審査の実態が明らかになった時点で私は住民側勝訴の確信を深めたわけです。

南海トラフ地震は、その発生確率の高さにおいても、東北地方太平洋沖地震の一〇倍という被害想定においても、多くの国民が最も恐怖している地震です。その被害を少しでも食い止めるべく自治体単位で防災、減災に懸命に取り組んでいるのです。そのようななか、原子力規制委員会は、南海トラフ地震の震源域にある伊方原発に果たして何ガルの地震動が到来するかについて、さほど関心がなかったのだろうと思わざるをえません。

四国電力も原子力規制委員会も「計算結果による地震動と観測記録を照合しなければならない」旨の本件規定に反して地震の観測記録という最も重要で客観的な資料に目を向けることなく、机上の計算のみに依拠して基準地震動の策定をしていることがここで明らかになったのです。

七年足らずの間に、原発の安全確保の要である基準地震動を超えた地震が東北地方太平洋沖地震による福島第一原発を含め五回もありました。強震動予測という学問を基礎に地震動を計算した結果求められた基準地震動を上回る地震が五回もあったのです。原発推進勢力は、「福島原発事故を踏まえて新規制基準ができ、中立的な原子力規制委員会が厳しい規制基準を策定し、基準地震動についても厳しく審査している。強震動予測を基礎に地震動を算定していることは以前と変わりはないが、原子力規制委員会が厳しく審査しているので、今までの五回の失敗の話と同列に論じないでほしい」という言い訳をしています。基準地震動に関する新規制基準の根本は以前と変わっていないにもかかわらず、裁判所は電力会社の言い訳に対してさほど疑問をもっていないようです。

しかし、今回の新規仮処分中立事件で住民側は、四国電力の「南海トラフ地震が伊方原発直下で起きても伊方原発敷地には最大限181ガル（震度五弱）の地震動しか来ない」という不合理な地震動の計算結果が、厳しい審査をしているはずの原子力規制委員会の審査をやすやすと通ってしまったことを明らかにしました。このことは、原子力規制委員会の設立後においても、強震動予測という学問を基礎に地震動を算定することがいかに危険であるかということを明らかにしたものといえます。それとともに、原子力規制委員会が電力会社の短期的な利益を図るためには、国民の生命や生活を危険にさらすことをなんとも思わない組織であることが判明したのです。

仮に、原子力規制委員会が、国民の生命や生活を軽視したわけではなくて「南海トラフ地震が伊方原発直下で起きても伊方原発敷地には最大限181ガル（震度五弱）の地震動しか来ない」ということを本気で信用したとしたら、原子力規制委員会の判断能力は素人よりも劣ることをはっきりと示したことになると思います。

こういう状況下で、二〇二三年三月二四日、広島高裁の決定を向かえました。

3　新規仮処分広島高裁決定について

広島高裁決定

二〇二三年三月二四日の広島高裁の決定は、広島地裁と同様に住民側の申立てを認めないというものでした。

その内容は、「電力会社側に立証責任を負わせる伊方原発最高裁判例の判断枠組みは採らない。四国電力は規制基準の合理性及び適用の合理性を立証する必要はなく、原子力規制委員会の審査に合格していることさえ立証すれば足りる。他方、住民側は規制基準の不合理性及び適用の不合理性の立証をしなければならないし、具体的危険性についても立証しなければならない」というものでした。

住民側が最も問題視していた「南海トラフ巨大地震が伊方原発を直撃しても、伊方原発敷地には181ガル（震度五弱相当）の地震動しか来ない」という四国電力の主張（南海トラフ地震181ガル問題）については、広島高裁は、「地域の地盤特性、地域特性等を考慮しないかぎり地震動が高い低いの問題は論じることができない。地盤特性、地域特性等を住民側において分析して比較しない限り住民側の主張を認めない。原子力規制委員会については、表だった証拠上は一八秒の審査かもしれないが、会議の前に資料を読んでいるはずだから審査に欠落があるとは言えない」というものでした。

なお、住民側が「規制基準の中で最も重要な規定である」と指摘していた本件規定、すなわち「基準地震動は、最新の知見や震源近傍等で得られた観測記録によってその妥当性が確認されていることを確認する」という本件規定の意義や解釈については触れられていませんでした。

公平性について

最高裁は下級審の裁判官に「公平らしくあれ」とよくいうのですが、その意味は、「裁判官は公平であるのは当然であり、その公平性が外からも見えるように注意を払いなさい」ということだと思います。[*13] 公平性は裁判官だけに求められるものではなく、公務に携わる者、教育に携わる者、医療に携わる者、広く組織に属する者で組織の上位者には特に強く求められるものです。公平性は、社会に生きる者としての誠実さに関わるものなのです。特に、判定をすることを仕事としている者、相撲の行司、野球やサッカー、ボクシングの審判に強く公平性が求められるのは当然ですが、わけても、裁判官には公平性の要請が最も強く働きます。裁判の当事者として法廷に立つことになった者は裁判所の判断で人生の進路が大きく変わってしまうこともあり得るのです。また、刑事事件の被告人にとっては、その生命自体を賭していることもあることから、裁判所の判断には公平性が強く求められるのは当然のことといえるのです。あまりにも当たり前すぎて誰も口にしませんが、裁判官に求められる最も重要な要素が公平性なのです。

ボクシングの審判にはボクサーの細かい動きを見るプロの目が必要となりますが、明らかな優劣の差があれば素人でも判定できます。

この新規仮処分では、四国電力は、ほとんど全ての論点で、住民側に言い負かされて黙ってしまいました。最初のうちはパンチの応酬があったのですが、劣勢となり、パンチを繰り出すと致命的なカウターパンチを受ける可能性があるためひたすらガードを固めることに専念したのです。法律知識のない素人であっても、どちらが優勢であったかはわかるはずです。[*14] 四国電力のオウンゴールについては七三頁と七六頁を参照して下さい。また、住民側の「原子力規制委員会が一八秒しか審査していない」という主張に対して、裁判所は、「会議の前に資料を読んでいるはずだ」と、四国電力さえも主張していなかったことを勝手に認定してしまいました。これは不意打ちで著しく不公平です。仮に、四国電力がそのような主張をしていたら、住民側は「会議の前に資料を読んでいても、181ガルに何の疑問ももたなかったのかい」と、突っ込みを入れたはずです。裁判所は、その機会さえも住民側から奪ってしまったのです。

広島高裁は、オウンゴールしたうえに、ひたすらガードすることに徹した四国電力を勝たせてしまいました。後輩裁判官が、審判者としても人としても求められる最低限の公平性や誠実さも持ち合わせていないのを見るのは実につらいものです。

＊13 ただし、最高裁自身は判検交流《はんけんこうりゅう》（日本の裁判所や検察庁、法務省において、裁判官が検察官になり、その後、裁判官に戻るという人事交流制度）を継続するなど、あまり公平らしさに気を遣っていると私には見えないのです。

＊14 提出された全ての書面をサイトで見ることができますが、最後の方の主張書面数通を見ていただくことで優劣が分かると思います。https://saiban.hiroshima-net.org/source.html

論理性について

公平性以外で裁判官に求められるのは、第一に論理性、第二にリアリティーです。細かな法的知識は三の次、四の次です。細かな法的知識は、文献に載っていますし、代理人弁護士の方で補充することもできます。

住民側は、一定以上の風速によって落下する危険のある橋梁等の例を挙げて、「①ある数値が客観的に高い水準にあるのか低い水準にあるのかという問題と、②低い水準でも許されるのかという問題は別の問題である」と指摘しました。「仮に、低い水準でも許されるというのならば、それを主張する側においてその理由を説明すべきである」と主張しました。「181ガル（南海トラフ地震の地震動想定）が客観的に低い水準である以上、地盤特性、地域特性によって低い水準でも大丈夫であるというのならば、伊方原発の地盤特性や地域特性がどのようなもので、これらが地震動をどの程度低めるのかを説明するのは四国電力の責任である」と主張したのです。これに対して、四国電力は黙ってしまいました。

また、住民側が、「新規仮処分においても伊方原発最高裁判例の判断枠組みを採用すべきである」と主張したのに対して、四国電力は「伊方原発最高裁判例が行政事件のものであり本件が民事事件であること、四国電力は原子力規制委員会の原発稼働許可処分を受けた者にすぎないことから、住民側に立証責任を負わせるのが相当である」と主張しました。それに対して、住民側は、なぜこれまで多くの裁判所が、民事事件においても伊方原発最高裁判例の判断枠組みを採用してきたのかを、五〇年以上にわたる公害訴訟の歴史にさかのぼって説明しました。また、「この裁判では基準地震動の合理性が問われている。四国電力はその基準地震動の作成者本人であることから、四国電力は行政処分の単なる客体ではない」等と主張して反論したところ、四国電力はこれについても黙ってしまいました。

今回広島高裁は、住民側の主張に対して反論できずに黙ってしまった四国電力の言い分をそのまま裁判所の見解として採用したのです。裁判所が立証責任について裁判所の見解を述べる場合、言い負かされた方の四国電力の主張そのものではなく、それを進化させた論理でなくてはならないはずです。言い負かされた方の四国電力の主張そのものを裁判所の見解として採用することは、裁判所が最も大事にすべき公平性を害するだけでなく、より正当性の高い見解を積み重ねて結論に至るという論理性をも失わせてしまう結果となるのです。

次の文章は住民側が最後に裁判所に提出した主張書面の中の一文です。

「訴訟においては、本人訴訟でないかぎり、互いに、相手方の主張を踏まえた上で自分の主張を展開していくことによって争点が絞られ裁判所も審理の焦点を絞ることができるのである。四国電力の主張は、本件仮処分申立てから約三年を経ても少しも進展せず、住民側代理人弁護士はこれが果たして法律家を相手にしたやり取りであろうかという思いさえ抱いてしまうのである。四国電力のプレゼンテーションは地震学の基礎知識の陳腐な講義であり、四国電力の主張立証からは、住民側の主張や問題点の指摘に真摯に取り組もうとする姿勢は見受けられない。四国電力の主張立証は、住民側が地震学の知識を欠いているというレッテル貼り、印象操作に向けられているとしか思えないのである。」

上記の住民側の批判は四国電力だけでなく、裁判所にも向けられることになります。「裁判所の理解は地裁、高裁を通じて約三年間にわたる審理を経ても少しも進歩せず、住民側の主張や問題点の指摘に真摯に取り組もうとする姿勢は見受けられませんでした。広島高裁は、論理的に住民側の主張を排斥しようとするのではなく、四国電力の『住民側は地震学の知識を欠いている』というレッテル貼り、印象操作に見事に乗せられてしまいました。」

リアリティーについて

七八頁と七九頁の写真は一九六四年三月二八日に起きたアラスカ地震後の状況です。マグニチュード9クラスの地震に直撃されるということは、写真のような状況が広範囲に起きるということです。マグニチュード9クラスの地震に直撃されても、伊方原発の敷地にかぎり、18

1ガル（震度五弱：棚から物が落ちたり、希に窓ガラスが割れる程度の揺れ）しか到来しないということは極めて信じ難いことです。四国電力の主張は伊方原発の敷地だけは異空間だと主張しているようなものです。

裁判官に必要なのは、リアリティーです。嫌なことでも考えなければならないときはそれをリアルに頭に浮かべることができる能力、胆力が必要です。なによりも、現に福島原発事故が起きたのです。その事故の状況、推移、進展、神の配剤によって「東日本壊滅」の危機を免れたことを忘れてはならないのです。東北地方太平洋沖地震では震央から女川原発まで一三〇キロメートル、福島第一原発まで一八〇キロメートルの距離があったにもかかわらず、いずれの原発においても基準地震動を超えたこと、それと同じ規模の地震が伊方原発の直下で起きたらどうなるのかということをリアルに想像するだけで結論は見えてくるはずです。これらのことを住民側から知らされても、なお、何らの緊張感をもたなければ、その人は裁判官としての資質に問題があると言えるのではないでしょうか。

南海トラフ地震181ガル問題も、リアリティーをもちさえすれば、本来、「そんな馬鹿な」の一言ですむ問題なのです。しかし、地震学者のなかには181ガルという数値を見ても驚かず、「違和感はない」と言い放つ人もいるのです。「南海トラフ巨大地震が襲っても181ガル」「エッ　そんな馬鹿な」という皆さんの感性がとても大切なのです。

脱原発の先駆的な科学者であった水戸《みと》巌《いわお》氏は「原発の危険性を理解するのに必要なものは知識ではない。必要なのは論理です。極端な言い方をするならば、論理を持たない余計な知識は、正しい理解を妨げることさえある。」「専門家に任せるな。問題は知識ではなく論理である」と述べています（『原発は滅びゆく恐竜である』緑風出版）。私も、多くの法律家が多くの知識を身につけ、それとともに論理や大事な感性を失っていくのを見てきました。

科学性について

住民側は、新規仮処分において、専門技術論争ではなく真の科学論争をしたかったのです。伊方原発の基準地震動６５０ガル、南海トラフ地震の地震動想定１８１ガルが地震観測記録という客観的で科学的な証拠に照らして合理性があるのか、[*15] １８１ガルというような低レベルの地震動をもってして、「これを超える地震は来ない」といえるほど、わが国の地震学は成熟した学問なのかという骨太の科学論争をしたかったのです。

住民側は、南海トラフ地震の地震動想定１８１ガルがまったく不合理であることを客観的科学的事実に基づき論証した早坂康隆氏の意見書を提出しました。これに対して、四国電力は「１８１ガルでも違和感を感じない」旨の感想めいた地震学者の意見書を提出したうえ、早坂康隆氏が地質学・岩石学の専門家であり、地震学の専門家ではないと指摘しました。これに対して、住民側は、「現在の原子力規制委員会において地震及び津波に係る安全性審査に当たっている委員は地震学者ではなく地質学者の石渡明氏である。四国電力の指摘は現在の原子力規制委員会の構成やその審査を否定しているに等しいものといえる。」との反論を出しました。またも、四国電力はカウンターパンチを受けたのです。

広島高裁の裁判官たち[*16]は、科学性に富む早坂康隆氏の意見書に対してこれを黙殺し、判決の中で一切触れませんでした。

＊15　181ガルが問題になるのは、第2節で説明したように、別々の場所で体重測定をした者のなかから一番体重の重い人を選ぶ場合に、たとえ選ばれた人の体重測定（中央構造線活断層の地震：基準地震動とされた650ガル）が信頼できるものであったとしても、他の人の体重測定（南海トラフ地震：想定地震動181ガル）が信頼できるものでなければ、誰が一番体重が重いのかも、一番重い人の体重がいくらであるかも不明となってしまうのと同じだからです。

＊16　広島高裁の全ての裁判官のことを指しているわけではありません。広島高裁第四部の裁判官である、脇由紀裁判長、梅本幸作裁判官、佐々木清一裁判官を指しています。

樋口理論（五八頁）を裁判で用いる最も大きな利点は、それが科学的でしかも常識にかなっているために、裁判所にも国民にも理解しやすいということです。常識にかなっているために、住民と代理人弁護士が一体となって訴訟を進めることができるという利点があるのです。さらに、住民だけでなく、広く主権者である国民が裁判所の判断について監視できるという大きな利点もあるのです。裁判の争点が専門技術分野であった場合は、裁判所がどのような審理をしても、どのような判決を書いても、国民はその裁判について、主権者として監視することが困難となってしまうのです。

「**天の監督を仰がざれば凡人堕落。国民、監視を怠れば、治者盗を為す**」。田中正造[*17]の言葉です。

この「治者」のなかに裁判所も入ってしまいました。今回、広島高裁第四部の裁判官たちは、平然と公然と国民の生命と生活を奪おうとしています。今回の裁判で、特に南海トラフ地震181ガル問題を通じて、そのことが国民の目にも明確になったはずです。おそらく、三人の裁判官は「世間はどうせ結論しか興味がないので、公平性や論理性のない判決内容であっても、メディアからも一般国民からも批判されることはない。」と思っているのです。このような考えは、国民を愚弄するものであって、主権者である私たちは決して許してはいけないのです。

責任について

原子力規制委員会が、「南海トラフ地震が伊方原発直下で起きても伊方原発敷地には最大限181ガル（震度五弱）の地震動しか来ない」ということを本気で信用していたとしたら、原子力規制委員会の判断能力は素人よりも劣ることになります。仮に、原子力規制委員会が南海トラフ地震181ガル問題の重要性に気づかなかったとしたら、自ら作成した本件規定の存在やその意義を十分に認識していなかったためと思われます。本件規定の意義を認識していれば、「南海トラフ地震181ガル問題」は原子力規制委員会の審査の俎上に上がっていたと思われます。

他方、広島高裁は、住民側からの主張によって、本件規定の存在とその重要性について、明確に認識できたはずです。それにもかかわらず、広島高裁は、国民の生命と生活を守るという裁判所に課せられた最も重要な責任を故意に放棄しました。少なくとも本件においては裁判所

＊17　日本の幕末から明治にかけての村名主、政治家（一八四一年一二月一五日～一九一三年九月四日）。日本初の公害事件と言われる足尾鉱毒事件の被害の実態とその救済を訴えた。その財産は全て鉱毒反対運動に使い果たし、死去したときは無一文だったと言われています。

の罪は、原子力規制委員会の罪よりも遥かに重いと思われます。

国は、「原子力規制委員会が世界一厳しい規制基準に基づいて審査し、その審査に合格した安全な原発だけを動かします」として国の責任を原子力規制委員会に押しつけています。その原子力規制委員会の元委員長である田中俊一氏は「原子力規制委員会は、原発が規制基準に適合するかどうかを判断している。適合しているからと言って安全とは申し上げません」と責任を回避する旨の発言をしました。仮に、たとえば、規制基準を内閣が作成し、原子力規制委員会は原発がその規制基準に適合しているかを判断するだけなら、田中氏の言葉も理解できます。しかし、規制基準は原子力規制委員会自らが作るのです。安全性を保障しない規制基準を原子力規制委員会は作ったことになります。福島原発事故を教訓に新たに創設されたはずの原子力規制委員会は、原発事故から国民を守るために新規制基準を作ったのではないことが、田中元委員長によって明らかになったのです。だから、国民の生命と生活を守ることができるのは裁判所しかないのです。

しかし、広島高裁は、電力会社に対しては「原子力規制委員会の審査に合格したことさえ主張立証すれば足りる」としました。他方、住民側に対しては、「181ガルがそんなにおかしいというのなら住民側で地域特性、地盤特性等を分析して何ガルの地震が伊方原発に来るのかを立証しなさい」と言い放ったのです。地震学者を含め誰にもできないことを平然と住民側に押しつけました。[*18]

四国電力は住民側から追い詰められていました。恐ろしいのは、これを見た裁判所が何がなんでも四国電力を勝たせるために、公平性も論理性も無視したうえに、伊方原発最高裁判例の法理も捨ててしまったのではないかということです。

住民側に全面的に立証責任を負わせ、しかも、①規制基準の不合理性の立証を住民側に求めるだけでなく、②基準地震動を超える地震動発生の具体的危険性をも住民側で立証せよという考え方は、行政事件に関する伊方原発最高裁判例の判断枠組みを民事裁判に転用してきたこれまでの下級審判決の流れに反しています。それだけでなく、一九六〇年代以降の公害裁判や原

＊18　当事者のどちらが証明しなければならないかという問題のことを立証責任の問題といいます。わかりやすくいうと、従来は立証責任を国や電力会社側に負わせて、住民側は下駄を履かせてもらっていたのです。今回の裁判では、広島高裁は、住民側から下駄を奪っただけでなく、電力会社側に高下駄を履かせてしまったのです。

発差止訴訟等の流れを振り返っても、極めて特異なものといえます。この決定は、訴訟が正義を実現する場であるために、数十年にわたって全国の裁判官、弁護士、学者が積み重ねてきた努力を一夜にして台無しにするものであるといえるのです。

4 裁判官はなぜかくも不公平で無責任なのか

問題の所在

広島高裁決定*19は、公平性も、論理性も、リアリティーも、感性も、科学性も、責任感もないものでした。必ず来るとされている南海トラフ巨大地震が伊方原発を直撃して、過酷事故が起きた場合、極めて多くの人々の生命や生活が失われることになります。このような事態を回避するために今回の新規仮処分は提起されたのです。そして、このような事態を回避することができるのは広島高裁だけだったのです。広島高裁の最も大きな罪は、それができたのにそれをしなかったことです。

なぜ、人権擁護の最後の砦だとされる裁判所において、このように国策に関わる重要な問題になるほど、かくも無責任で国寄りの判断になるのでしょうか。この問題についてさまざまな人の意見を聴いても、また、いくら考えても明確な答えは出ないのですが、一応、私の考えを述べたいと思います。

「南海トラフ地震181ガル問題（南海トラフ巨大地震が伊方原発を直撃しても、伊方原発敷地に限っては震度五弱相当の181ガルの地震動しか来ない）」をめぐる双方の主張については、その主張を理解するに当たって何ら専門技術知識を要しないのです。したがって、学力が高いとされる裁判官なら住民側の主張を十分に理解できたはずです。理解したうえで、広島高裁は住民側の主張を退けたことになります。

東大医学部の教授であった養老孟司氏は「学生達はみんな学力、成績の面では偏差値の最上位に集中するという偏りを見せているが、それ以外では肉体面は勿論、精神面においても、きれいな正規分布を示している」というお話をされていました。これが正しいとすると、裁判官

＊19　広島地裁民事第四部の裁判官も、広島高裁第四部の裁判官と同じ過ちをしています。しかし、広島地裁は住民側の主張を誤解した可能性があるため、住民側は広島高裁では誤解が生じないように主張を明確にしました。そこで、本書では広島高裁の裁判を主に取り上げています。

も学力だけは高いのですが、それ以外の精神性、たとえば、責任感、愚直さ、感性等は学力とは無関係に正規分布することになります。広島高裁第四部の裁判官も日本人全般の責任感の程度しかもちあわせておらず、この裁判で日本人全般の責任感のなさが出てしまったという可能性が考えられます。

しかし、これに対しては次のような反論がありそうです。「多くの国民が福島原発事故直後は原発に厳しい態度を示していたが、現在では、時の経過とともに原発に甘くなってきているのは、本当の原発の怖さを知らずに他人事と思っているからだ。これらの人々でも、①福島原発事故によって東日本壊滅の危機にあったこと、②その危機を神の配剤ともいうべき幾多の奇跡によって免れたこと、③原発が停電するだけで大事故になること、④福島原発事故後も配電関係を含む耐震性は極めて低いままであること、⑤電力会社が『この原発敷地に限っては強い地震は来ませんから安心して下さい』と主張していること、⑥特に、『南海トラフ巨大地震が伊方原発を直撃しても伊方原発の敷地には１８１ガル（震度五弱・図３参照）しか到来しない』と四国電力が主張していることを知ったならば、伊方原発の運転に賛成する人は一人もいないはずだ。これらの問題を知らされている裁判官と知らされていない国民とを一緒にしないでほしい」と。

この反論には再反論できそうもありません。つまり、広島高裁第四部の裁判官たちは、日本人の普通の人々よりもその責任感や感性で劣っていることになります。

なぜ、そうなってしまうのでしょうか。広島高裁第四部の裁判官たちが四国電力から脅されたり、買収されていることは絶対にありません。

広島高裁第四部の裁判官たちが、最高裁から「国策に逆らわないように」との指令を受けていたというのであれば説明がしやすいのですが、最高裁判所や司法行政のトップの人たちも全て裁判官ですから、「こういう裁判をすべきだ」との発言は、司法権の独立（憲法七六条）をあからさまに侵害することになるので、そのような発言をすることは考え難いのです。また、以前は国策に反する裁判をした裁判官がその直後から明らかに冷遇されるということがありましたが、現在ではそのような露骨なことはなくなりました。

広く行われている裁判官教育は、「裁判官は絶大な権限が与えられているので、その行使については謙虚かつ抑制的であれ」というものです。そして、「裁判官は政治家のように直接国民から負託を受けているわけではないので、国政にかかわるような事項の判断については慎重でなければならない」というような一見、法的にも正当性があるかのような考え方がいつの間にか身についてしまうのです。

裁判官は自ら一生懸命に考えて書き上げた判決が上級審で覆るとひどく傷つきます。上級審の判決の結論を推測して書いた方が傷つかなくてすむのです。また、自分が信念をもって書いた判決であっても、高裁や最高裁でひっくり返される可能性が高ければ、「住民にはしばしの淡い期待を抱かせることになるだけで、国側には上訴手続きという手間を掛けてしまうことになる。そうだったら最初から最高裁が採用するであろう結論に沿って判決を書くことが良いのではないか」と考えてしまうのでしょうか。

それではその最高裁はどのような判決をしているのでしょうか。

最高裁判決について

二〇二二年六月一七日、最高裁は福島原発事故に係る国家賠償を求めた訴訟について、住民側の請求を認めない旨の判決を下しました。

地震の研究機関として、わが国で最も権威があるとされている文部科学省の地震調査研究推進本部は、二〇〇二年に、「福島県沖を震源とする津波を伴うマグニチュード8クラスの大地震の可能性が三〇年内に二〇パーセントに達する」との長期予測をしました。東京電力でその津波高を計算したところ一五メートルに達することが判明しました。福島第一原発は海抜一〇メートルのところにありますから、このままだと地下や一階にある非常用電源が断たれてしまう恐れがありました。しかし、津波対策を命じる権限を有する経済産業大臣も東京電力に対して対策を命じませんでした。また、東京電力の取締役たちもなんらの津波対策を講じませんでした。なんの対策もとられないまま、二〇一一年三月一一日の東北地方太平洋沖地震によって外部電源が断たれ、地震にともなう一五メートル余の津波によって非常用電源も断たれました。その結果原子炉を冷やせなくなり、福島原発事故が起きたことは第1章で述べたとおりです。

国を被告とする福島原発事故に係る国家賠償請求裁判では、地裁・高裁では判断が分かれていましたが、その論点はほぼ共通して、①地震調査研究推進本部の長期予測が信用できるものであったか、②それに応じて経済産業大臣が東京電力に津波対策を命じるべきであったかどうか、③経済産業大臣が津波対策を命じたとしたら福島原発事故は避けることができたか否かでした。

最高裁は、①、②の論点については判断を示さないまま、③の論点について経済産業大臣が津波対策を命じたとしても事故は防ぐことはできなかったということで、住民側の請求を認めませんでした。その理由は次のとおりです。

「当時の原発の標準的な津波対策は防潮堤を築くことであった。一五メートルの津波予測は福島第一原発の南東方向からの津波予測であったことからすると、仮に経済産業大臣が津波対策を採ることを東京電力に命じていたとしても、南東側は一五メートルの津波に備えた防潮堤になっただろうが、東側は一五メートルの津波に備えることはなくもっと低い防潮堤になったはずである。ところが、実際には、福島第一原発には東側からも一五メートルの津波が来たので、そのような段差のある防潮堤では実際の津波を防ぐことはできなかった。したがって、経済産業大臣が津波対策を命じたとしても事故は防ぐことはできなかった」

この事件は、第1章で述べた、原発の本質と、憲法についての基本的な理解さえあれば、さほど悩むことなく正当な結論に達することができます。原発は人が管理して原子炉を冷やし続けないと事故に至ること、そのためには電源が必要であり、電源が断たれるような津波が来れば必ず大事故になること、その事故の被害は比類がないほど甚大であることさえ理解できればよいだけなのです。法的にいえば、原発事故によって、国民の最も重要な権利である人格権の中核部分、すなわち「生命を守り生活を維持するという権利」が極めて広範囲に奪われるということです。最高裁は、原発の本質に対する理解も、憲法の基本的な理解もなかったといえます。

原発の本質と憲法の基本的な理解さえあれば、原発に影響を及ぼすおそれのある地震や津波に対しては最大限の警戒と注意を向けるべきこと、警告があれば極めて多くの国民に甚大な被害が及ぶことを避けるために関係者ができ得るかぎりの措置を講じるべきことは当然の事柄といえるわけです。そうすると、津波対策としては防潮堤だけで足りるということも、その防潮堤を建設するに当たって南東方向だけ高く東側方向ではそれよりも低い段差のある防潮堤でかまわないという発想は絶対に出てこないはずなのです。

わが国の四大公害裁判のうち、いわゆる「四日市ぜんそく訴訟」について、津地方裁判所四日市支部は今回の最高裁判決からさかのぼること五〇年前の一九七二年七月二四日、次のように判示し、この判決は上訴されることなく確定しました。

「……少なくとも人間の生命、身体に危険のあることを知りうる汚染物質の排出については、企業は経済性を度外視して、世界最高の技術、知識を動員して防止措置を講ずべきであり、そのような措置を怠れば過失は免れないと解すべき」

原発事故の防止対策のあり方についても、この四日市支部判決はそのまま次のように言い換えることができます。

「……人間の生命、身体に極めて深刻で広範囲に危険を及ぼすことが知られている放射性物質に係る事故防止については、企業は経済性を度外視して、世界最高の技術、知識を動員して防止措置を講ずべきであり、そのような措置を怠れば過失は免れないと解すべき」

原発裁判に携わる裁判官や弁護士を含む法律家は、原発の本質を理解したうえで、憲法の基本理念と先人たちの残してくれた貴重な法理を大切にしなければなりません。最高裁は、原子力発電所をゴミ処理場か単なる迷惑施設としか考えていないのではないでしょうか。「福島原発事故当時の津波対策の標準的な技術水準としては防潮堤を築くことであった。だから、防潮堤を築くという対策で足りる」とするのは、原発というものがどういうものかまったくわかっておらず、単なる迷惑施設としか捉えていない何よりの証拠です。四日市ぜんそくは多くの人に重大な健康被害をもたらしましたが、その被害は四日市市の南部と隣接町村に限られていました。福島原発事故による被害の規模は被災者の数からいっても地域の広さから見てもまったく違います。福井地裁の大飯原発運転差止判決に示されているとおり、福島原発事故は「我が国始まって以来最大の公害、環境汚染」なのです。このような極めて甚大な環境汚染を招く可能性のある原発事故の防止策として、世界最高水準の技術を用いなければならないのは当然の要求です。このことは津地裁四日市支部の判決によって五〇年前にすでに明らかにされていたことなのです。

福島原発事故当時に、津波対策としては防潮堤の建設の外に、すでに水密化という方法があったのです。水密化とは、浸水の可能性のある経路や浸水口（扉、開口部、貫通口等）を特定し、防水扉等を取り付けることです。また、非常用電源を高所にも備え付けることも対策のひとつです。これらは素人でも思いつく対策であり、これらの対策と防潮堤の建設を平行してやれば、津波による電源喪失は確実に防ぐことができました。

また、「福島第一原発の南東側は一五メートル以上にするが、東側はもっと低い防潮堤しか築かれなかったはずだ」という最高裁の認定も噴飯物です。[*20] そのような段差のある防潮堤を私は今まで見たことがありません。南東側だけ一五メートル以上の高さで、東側はそれよりも低い防潮堤を築いた後に、一五メートルの津波が東から襲ってきて原発事故が起きたとしたら、その防潮堤を設計した者が賠償責任を問われかねないのです。このような段差のある防潮堤の建設は、目先のわずかな工事費を惜しむ発想によるものであり、津地裁四日市支部判決が明確に禁じていたことです。

最高裁判決と津地裁四日市支部の判決を読み比べてみると、司法界が五〇年間少しも進歩していないばかりか、退廃の匂いすら感じられるのです。

しかも、この最高裁判決は、重要な論点である①地震調査研究推進本部の長期予測が信用で

＊20　認定の不当性を論じる以前の問題としても、法律審である最高裁は、高裁で認定された以外の事実認定をすることは法的に許されていないのです（民事訴訟法三二一条一項）。

きるものであったか、②それに応じて経済産業大臣が東京電力に津波対策を命じるべきであったかどうかについてまったく答えていないのです。論点を無視した判決で、わかりやすくいってしまえば、このような解答では司法試験に落ちてしまうレベルなのです。そこには法曹人としての矜持もかなぐり捨て、先人が築き上げてきた法理もうち捨てて、ひたすら国側を勝たそうとする強固な意志しか見受けられないのです。

このような最高裁の姿勢は、ひたすら電力会社側を勝たせるために裁判官としての公平性や論理性を無視した広島高裁第四部の裁判官たちと共通するものがあります。[*21]

最高裁がこのような有様だと、「今後の原発差止訴訟も絶望的ではないか」と思われるかもしれませんが、実は、このような裁判官ばかりではないのです。

三浦反対意見と東京地裁判決

最高裁判所の三人の裁判官が「国に賠償責任はない」とするなか、三浦守最高裁裁判官は「国に賠償責任がある」との反対意見を述べました。その反対意見は、最高裁判決五四頁のうち実に三〇頁を占めているもので、その体裁からも分量からも「三浦判決」と呼ぶにふさわしいものです。

この三浦判決は、①地震調査研究推進本部の長期予測が信用できるものであったか、②それに応じて経済産業大臣が東京電力に津波対策を命じるべきであったかどうかの争点についても、多数意見と違い、正面から判断をして、①については、地震調査研究推進本部の長期予測が信頼できるものであったこと、②については、経済産業大臣の津波対策を命じる義務を認めました。③の論点については、段差のある防潮堤ではなく、南東側も東側も一五メートル以上の防潮堤を築く義務があり、あわせて水密化の工事の必要性も認めました。そして、三浦裁判官は「生存を基礎とする人格権は、憲法が保障する最も重要な価値であり、これに対し重大な被害を広く及ぼし得る事業活動を行う者が、極めて高度の安全性を確保する義務を負うとともに、国が、その義務の適切な履行を確保するため必要な規制を行うことは当然である。」との最も本質的な指摘をしました。

＊21　住民側は、広島高裁決定について、最高裁への特別抗告・許可抗告の申し立てをしないことを決めました。広島高裁決定は、住民側に立証不可能なことを要求して国民の裁判を受ける権利（憲法三二条）を奪うという憲法違反を犯し、伊方原発最高裁判例に反するという判例違反もあったのですが、このような最高裁の現状に鑑み、上告に心血を注ぐより、原発を止めるための他の裁判に力を注ぐ方がよいと考えたわけです。

三浦判決は、その論理一貫性、緻密性、具体性のすべてにおいて多数意見を遥かに上回っており、その説得力は極めて高いものです。

裁判官の能力は自ら書いた判決の質の高さによって示されることは誰も否定できません。自ら優れた判決を書くことは極めて高い能力を必要とし、裁判官である以上、定年のその日までその能力を磨き続けることが必要です。そして、優れた判決を書くことに劣らず重要なのは、今回の最高裁のような合議の裁判において、他の裁判官の意見を虚心坦懐に聴いて自分の意見を修正していく能力です。

三浦判決は極めて優れた判決です。他の裁判官には優れた判決を書く能力が欠けていただけでなく、優れた裁判官の意見を虚心坦懐に聴いて、自分の意見を修正していく能力も欠けていたということになります。しかも、三浦裁判官の反対意見は判決に近い体裁を採っているのです。多数意見判決と比較すればその優劣は明らかです。他の裁判官にはその優劣さえもわからなかったということになりそうです。あるいは、他の裁判官にはその優劣なんかどうでもよく、何が何でも国を勝訴させなければならないという裁判官として最も許されない考えにとらわれていたのでしょうか。

この最高裁判決の約一か月後の二〇二二年七月一三日、東京地裁[*22]は株主代表訴訟の判決において、東京電力の旧経営陣に対し、東京電力に一三兆円余の損害賠償金を支払うように命じました。株主代表訴訟とは取締役がその任務を怠り会社に損害を与えた場合に、株主が会社に代わって取締役に損害賠償を求めるという制度です。この株主代表訴訟も最高裁の国家賠償請求事件も、津波の長期予測に基づき、経済産業大臣ないし取締役たちがいかなる措置をとるべきであったのか、それによって事故を防ぐことができたのかが争点でした。最高裁は経済産業大臣について、東京地裁は東京電力の取締役について、それぞれその責任を問うものであったという違いを除くとほぼ共通の争点でした。

両事件ともほぼ共通の争点であったにもかかわらず、結論に大きな差が出たのは、①裁判官が原発の本質を理解していたかどうか、②裁判官としての姿勢の違いによるものだと思います。

私たちは、福島原発事故を通して原発事故がわが国の存続にかかわるほどの被害をもたらすことを知りました。この原発事故の本質を東京地裁の裁判官は理解していたので、一か月前に出た最高裁の判決にとらわれることなく取締役の責任を認め、裁判官の独立（憲法七六条）を貫くことができたのだと思います。

＊22　東京地裁民事第八部　朝倉佳秀裁判長、丹下将克裁判官、川村久美子裁判官。

東京地裁は、判決の中で、「原子力発電所において、一たび炉心損傷ないし炉心溶融に至り、周辺環境に大量の放射性物質を拡散させる過酷事故が発生すると、当該原子力発電所の従業員、周辺住民等の生命及び身体に重大な危害を及ぼし、放射性物質により周辺の環境を汚染することはもとより、国土の広範な地域及び国民全体に対しても、その生命、身体及び財産上の甚大な被害を及ぼし、地域の社会的・経済的コミュニティの崩壊ないし喪失を生じさせ、ひいては**我が国そのものの崩壊にもつながりかねない**」と判示し、原発事故がわが国の崩壊につながりかねないことを明確に認定しています。

要するに原発が場合によってはわが国の崩壊を招きかねない施設であるという認識と、そのような極めて多くの人の人格権（生命を守り、生活を維持する権利）の侵害を招きかねない施設の管理運営を担う者がそのような事態を防止すべき極めて重い責任を負っているという当たり前の理屈だけで結論の見通しはつくのです。

法の支配に基づく裁判

この二つの訴訟は、国民の側に軸足を置いて判断するのか、国や大企業の側に軸足を置いて判断するのかという裁判官としての基本的姿勢が問われる事件だったのです。最高裁判所の三浦裁判官と東京地裁の裁判官は国民の側に軸足を置いて判断したのに対し、最高裁の三浦裁判官以外の三人の裁判官は、国の側に軸足または両足を置いていたものと思われます。

この裁判官としての姿勢は、単なる裁判官の個性の問題ではありません。なぜなら、日本国憲法は裁判官に対し国民の側に軸足を置いて裁判官としての職責を果たすことを求めているからです。三浦裁判官も指摘するように生存を基礎とする人格権は憲法上最も重要な価値なのです。歴代の総理が好んでよく口にする民主主義と並ぶ普遍的価値である「法の支配」とは、「人格権を最大の価値とすべきとの憲法が定めている法秩序を裁判所の手で守りなさい」という裁判官に対する命令だと私は考えています。三浦裁判官と東京地裁の裁判官は民主主義国家において裁判官に求められる姿勢や責任感をもっていたといえます。最高裁の三人の裁判官とは個性が異なるのではなく、裁判官として明確な優劣の差があるのです。

そして、最高裁の三人の裁判官と三浦裁判官の差が単に裁判官としての優劣の差にとどまるのか、それともさらに根深い問題があるのかが問われることになります。このことを論じるに当たって次の三つの事実を知っておかなければなりません。

一つ目は、経済産業省を中心とする国が東京電力をはじめとする電力会社と一体となって、原発推進という国策を進めていることです。

二つ目は、「五大法律事務所」と呼ばれる巨大法律事務所が東京電力から原発問題に関する弁護活動の依頼を受けて多額の利益を得ていることです。

三つ目は、最高裁の裁判官は裁判官だけでなく、弁護士、検察官、学者などを含む広い分野から人材が集められていることです。

この国家賠償請求裁判を担当した最高裁第二小法廷の裁判官たちは、それぞれ、裁判長を務めた菅野博之裁判官は裁判官、岡村和美裁判官と草野耕一裁判官は弁護士、三浦守裁判官は検察官出身でした。そして、これらの裁判官について次の情報が入ってきました。

菅野裁判官は、この判決を下した翌月の二〇二二年七月に四二年間にわたる裁判官生活を終えて定年退官し、翌月の八月に五大法律事務所の一つである「長島・大野・常松法律事務所」の顧問弁護士となりました。[*23] 同事務所の弁護士は先に述べた株主代表訴訟においても東京電力の代理人として訴訟に関与しました。岡村裁判官は以前、その「長島・大野・常松法律事務所」の弁護士でした。草野裁判官は五大法律事務所の一つである「西村あさひ法律事務所」の代表経営者から最高裁の裁判官になった人物です。その事務所もまた東京電力と深いつながりがあるのです。

国と東京電力が利害を一致させるなか、その東京電力からの依頼を受けている法律事務所が、国策について最終的な裁判をしなければならない最高裁裁判官の出身母体であり、かつ退官後の就職先にもなっているという構造が作り上げられています。ただ一人、反対意見を書いた三浦裁判官だけがその構造の中にいなかったということになります。

以上は、最高裁判所、国、東京電力、巨大法律事務所の関係の一部だけを取り出したものにすぎません。しかし、これらの事実関係を前提とするだけで、なぜ、最高裁の裁判官が司法試験にほぼ確実に落ちてしまうような判決を書いてそれで恬《てん》として恥じないのかも理解できてしまうのです。

最高裁が推薦した法律家を内閣が任命するという慣例が安倍政権下で破られ、最高裁の中にはそれに強く抗議するほどの人物もいなかったためか、政権に近い法律家が最高裁裁判官に任命されるということになってしまったことを前著『私が原発を止めた理由』で紹介しましたが、これほどの根深い問題となっているとは後藤秀典氏の論考[*24]を読むまでは知りませんでした。

この利権構造の中に最高裁の裁判官が入っているとするならば、もはや上告手続をとること

＊23　最高裁は、下級審の裁判官に対して「常に公平らしくあれ」と言うのです。最高裁を含め四二年間も裁判所にいた人物が、退官直後に、最も公平らしさを損なう行動をとっているのです。もともと「公平らしさなんかどうでもよいことだ」と思っていたのでしょうか。それとも、すでに公平でない裁判をしてしまったことから「公平らしさなんかどうでもよいことだ」と思うようになったのでしょうか。それとも、「国と東京電力は別人格だから公平性を害していない」という言い訳が通用するとでも思ったのでしょうか。

も、できうるかぎり精緻で法の理念に沿った説得力のある法律論を展開すべく心血を注いで上告理由書を書きあげるということも馬鹿馬鹿しくなってしまうのです。

ほとんどの法律家は、最高裁の多数意見と三浦意見とを読み比べたとき、三浦意見の方が法的に正しい判断だと思うはずです。多数意見と三浦意見の内容に関心をもたずに、「しょせん最高裁は国寄りの判断をするのだから、自分もそれに従って裁判をすればよい」と考えることは司法の自殺行為です。裁判官は、憲法と法律と裁判官としての良心によって裁判をすることが求められています。その求めに応じることで、法の支配の担い手としての資格を得ることができるのです。その求めを無視して、最高裁の傾向に従って行う裁判は、法に基づく裁判ではなく雑念による裁判といわざるをえません。このような雑念を排除して法と裁判官としての良心のみに従って裁判をするという精神が「独立の気概」と言われるものです。

「組織は頭から腐る」と言われます。通常、組織は上からの命令で動くからです。裁判所は上からの命令で動くわけではありませんが、裁判官が最高裁の考えを忖度すれば、命令を受けないとしても組織は腐っていきます。

今、すべての裁判官が、「多数意見の裁判官のように何らの説得力もない雑念による裁判をしますか、それとも三浦裁判官や朝倉裁判官のように憲法と法律に従った裁判をしますか」と問われているのです。[*25]

原発の問題は、本来、利権とか、忖度とか、圧力とか、しがらみとか、出世とか、左遷とかという問題とはかけ離れたところにある問題なのです。原発事故はわが国の崩壊に繋がるからです。わが国が崩壊すれば、現在の司法制度も、社会機構も人間関係もすべて崩壊するのです。原発の問題は他の全ての問題と次元を異にするものです。「私たちが生き続けることができるかどうか」の問題なのです。

「なぜ、国民によって選出されたわけでもない裁判官が、国策に関わる重大な決定ができるの

＊24 「裁判所、国、東京電力、巨大法律事務所の関係」を深く掘り下げて紹介してくれているのが『経済』二〇二三年五月号のジャーナリスト後藤秀典氏の「国に責任はない　原発国賠訴訟・最高裁判決は誰がつくったのか　裁判所、国、東京電力、巨大法律事務所の系譜」という極めて優れた論考です。

＊25 裁判官らの間では「裁判官がとるべき法解釈は、当該事件が将来最高裁に係属したならば最高裁が下すであろう法解釈ということにほかならず、下級審裁判官としてはそれを予測した上で当該事件について裁判をしなければならない」という考え方も有力です（小林充・判例タイムズ五八八号〈一九八六年五月一日号〉等）。さすがに、故小林充裁判官も今の最高裁を見たならば、見解を改められると思います。

だ」という質問に対して裁判官が明確な答えをもっていないと、どうしても国寄りの判断になりがちです。裁判官は民主的基盤はありませんが、裁判官は、「国策に関わる事項が、憲法と法律に照らして正当性があるのかどうかを判断しなさい」と憲法に命じられているのです。これが法の支配です。

裁判官は法と裁判官としての良心に従って判断しさえすればよいのです。誤解を恐れずにいえば、たとえ裁判官の判断が悪い結果を招いたとしても、それは法律が悪かっただけで、その裁判官個人は責任を負わなくてもよいのです。逆に雑念による裁判をすれば、なんらの弁解も許されずその判断の全ての責任をその裁判官個人が負わなければならないのです。

国民全体から見ればほんのわずかな人々が原発の運転停止を訴え、そして、たった三人の裁判官がその訴えを認めることで原発の稼働が許されなくなることを不思議に思われる方もいると思います。

福島原発事故によって、極めて多くの人々の生活が奪われました。原発の再稼働によって自分たちの生活も根こそぎ奪われるのではないかと恐れた人々が、裁判所に守ってほしいと訴えているのです。その訴えに対して、真剣に耳を傾け、原発の危険性に正面から向き合うことを憲法が裁判所に命じているのです。

法務省の司法制度改革審議会の二〇〇一年六月一二日付けの意見書には司法の役割について次のような記載があります。

「ただ一人の声であっても、真摯に語られる正義の言葉には、真剣に耳が傾けられなければならず、そのことは、我々国民一人ひとりにとって、かけがえのない人生を懸命に生きる一個の人間としての尊厳と誇りに関わる問題であるという、憲法の最も基礎的原理である個人の尊重原理に直接つらなるものである。」

司法に携わる者にとって誇りと責任感をあらためて自覚させてくれる至言であると思います。

第3章

原発回帰と敵基地攻撃能力

前書『私が原発を止めた理由』では、原発がいかに危険か、なぜ原発の運転差止めが裁判では認められにくいのか、どうすれば裁判で原発の運転を止めることができるか等の裁判にまつわる記述が中心でした。しかし、本書は裁判の問題にとどまらず原子力行政や防衛問題まで領域を広げざるをえませんでした。元裁判官としての領分を超えることになるといえなくもないのですが、わが国はもはや、そんな悠長なことをいっておれない状況になっているのです。

アフガニスタンにおいて、中村哲さんは医師でありながら人々を治療することよりも、灌漑用水路の建設を優先しました。たとえ、治療して病気が治っても餓死してしまえば治療の意味がなくなるからです。私たちの努力によってわが国が抱えるさまざまな問題が解決したとしても、原子力行政や防衛問題を誤れば、わが国が崩壊してしまい、私たちの努力は水泡に帰してしまうのです。

岸田政権はロシアのウクライナ侵攻およびそれにともなう火力発電の燃料費の値上がりを契機として、矢継ぎ早に原発回帰と安保政策の転換に舵を切り「敵基地攻撃能力」の保有を訴えています。これは、二〇一一年三月一一日に起きた福島原発事故を教訓に長期的には原発に依存しないという国民的合意を完全に無視しています。そして、わが国は、先の戦争を教訓に専守防衛が国是であることも完全に無視しています。

現政権がこのような選択をしてしまったのは、原発の本質に対する無理解、防衛問題に対する無理解、憲法に対する無理解に起因していると思います。

1　原発回帰

福島原発事故後、わが国は「原発は運転開始後四〇年を稼働期間とし、原子力規制委員会が認めた場合に限り二〇年を超えない期間で一回限りの延長を認め、原発の新増設はしない」ということを決めました。この四〇年ルールが決まった当時は民主党政権でしたが、福島原発事故の反省から、野党であった自民党の賛成をも得て四〇年ルールは決まったのです。現在、わが国の多くの原発は運転開始から四〇年近く運転しているものが多く、四〇年を超えているものも少なくありません。そうすると、原発の新設を認めず、四〇年ルールを厳格に適用すれば、遠くない将来、間違いなく、わが国から稼働している原発はなくなるわけです。

しかし、岸田政権は、原子力規制委員会が審査中の期間や裁判所が運転を差し止めている期間は算入しないということで事実上六〇年を超える運転を可能とすることとしたのです。この法律は国会では活発な議論もなく、ほとんどの国民がその事実を知らないままあっさりと成立してしまったのです。しかし、審査中等で稼働していない期間も老朽化は進みます。動いていないからといって老朽化しないと考えるのは非常識でありかつ非科学的です。原子力規制委員会の石渡明委員も「問題があるために原子力規制委員会の審査に時間を要したという原発が稼働期間が長くなっていくのは背理ではないか」と指摘して反対意見を述べたのです。石渡委員の反対意見について徹底的に議論をするのが本来の原子力規制委員会の役割であるにもかかわらず、山中伸介原子力規制委員会委員長は、議論を深めることなく多数決によって石渡委員の意見を封じました。

岸田政権は、さらに、原発の新増設さえ計画に入れるといっています。原発の新増設は安倍政権、菅政権でさえ言及しなかった事柄です。

四〇年ルールと老朽原発の危険性

わが国の原発の耐震性が低い以上は、わが国の原発は老朽化しなくても危険なのです。老朽化はそれに拍車をかけるものだといえます。

四〇年ルールが設けられた根本的な理由は、先に述べた原発の本質にあります。大部分の技術が運転の停止という単純な操作によって、事故の拡大要因の大部分が除去されるのに対し、原発は運転を停止しただけでは安全性が確保できず、その後も継続して管理し続けなければ過酷事故になるというところに根本的な問題があるのです。家電でもトラブルが起きればコンセントを抜けばいいし、火力発電所でも火を消したり燃料の供給を停止すればよいだけです。仮に、消すことに失敗しても燃料が尽きれば収束に向かいます。自動車でもトラブルがあればエンジンを止めれば安全になります。

老朽原発は老朽自動車でもなく、老朽家電でもなく、老朽旅客機に似ているのです。[*1] 老朽化すると飛躍的にトラブルが増えます。老朽化した旅客機に次々とトラブルが発生して、コントロールを失っていく姿を想像してみてください。老朽化した旅客機を操縦していたら、突然燃料漏れが発生し、近くの飛行場に緊急着陸しようとしたら高度計が壊れていることに気づき、目測で着陸しようとしたら、そのとき車輪が出ないことに気づいた。このような想定外のことが

＊1　福井地裁大飯原発運転差止判決に対してはいろいろな批判がありましたが、ほとんどがまったく的外れのものでした。しかし、その中で唯一の例外は、判決文の「他の技術の多くは運転の停止という単純な操作によって事故の拡大要因の多くがなくなるが、原発は運転の停止によって被害の拡大を抑えることができないことが他の技術と異なる原発の本質的危険だ」という部分に対し、「そのような性質は原発固有のものではなくて飛行機だって同じではないか」という批判でした。これは誠に的を射たもので、講演会などでもいつも使わせてもらっています。

次々に起こるということが老朽化するということなのです。そして、この老朽化は実際に稼働していたか否かにかかわらず進行してしまうのです。私たちも眠っている間にも老化するのです。

老朽化した原発は平時においても、また特に地震に襲われた際にも、先に述べた老朽旅客機と同じようなことが起きるのです。しかも、旅客機では点検を尽くして、部品を取り替えることができるのに対し、原発は原子炉をはじめ大事な部分ほど放射性物質に汚染されており、点検することも取り替えることもできません。原発は、放射性物質で汚染されていない箇所でさえ、大規模すぎて点検を尽くすことが困難なのです。たとえば、二〇〇四年八月九日、関西電力美浜原発（福井県）のタービン建屋において、配管が破損する事故が発生し、噴き出した約一四〇度の熱水を浴びた五人の作業員が亡くなり、六人の作業員が重傷を負いましたが、これは放射性物質に汚染されている部分ではなかったにもかかわらず、点検を怠ったために劣化が生じた箇所で発生した事故でした。飛行機よりも遥かに大規模な原発において全ての箇所を点検することは極めて困難なのです。

火力発電所や自動車は物理的に動かなくなるまで、あるいは修理費が重なって経済的に引き合わなくなるまで使い潰すという選択肢があり得るのに対し、原発はその本質からして使い潰すという選択肢はそもそもありえないのです。

更田豊志原子力規制委員会前委員長は「諸外国では運転期間の上限が定められていないとこ

ろが多い」との発言に対し、「地震がない国と同じように論じることはできない」と答えました。学者としての本音が出たのだと思います。

わが国の原発はそもそも耐震性が極めて低いのです。その原発が老朽化すればさらに危険性が飛躍的に増してしまうことになるのです。

原発とコスト論

政府や電力会社は電気料金の高騰を〝好機〟ととらえ、原発再稼働、原発回帰で電気代が安くなるのではないかと国民に期待をもたせるような雰囲気作りをしています。[*2] 原発の発電コストが安いとか、原発を動かさないと電力が足りなくなるというのは虚構です。そもそも原発にはコスト論が当てはまりません。ひとたび原発事故が起きれば、極めて多くの人の生命や生活が

＊2　泊原発は安全性の不備が目立つために原子力規制委員会の審査が通らない状況下にあるにもかかわらず、北海道電力の社長は「泊原発が稼働すれば電気代を下げる」とまで明言しています。
https://news.yahoo.co.jp/articles/cb1756c6c4237a7171b833517623ba875a3241bc

奪われることになる施設について、そもそも経済原理を当てはめること自体許されないのです。

福島原発事故では多くの人が生命を失い、極めて多数の人々の生活基盤が奪われ、数え切れないほどの人々の平穏な生活が奪われました。そして原発を続ければ請戸の浜の悲劇がより大規模な形で再現されることが想定されているのです。そもそも、このような原発という施設についてコストを論じること自体が許されないのです。この点は、二〇一四年五月二一日の福井地裁の大飯原発差止判決において次のように記されています。

「被告（関西電力）は本件原発の稼動が電力供給の安定性、コストの低減につながると主張するが、当裁判所は、極めて多数の人の生存そのものに関わる権利と電気代の高い低いの問題等とを並べて論じるような議論に加わったり、その議論の当否を判断すること自体、法的には許されないことであると考えている。このコストの問題に関連して国富の流出や喪失の議論があるが、たとえ本件原発の運転停止によって多額の貿易赤字が出るとしても、これを国富の流出や喪失というべきではなく、豊かな国土とそこに国民が根を下ろして生活していることが国富であり、これを取り戻すことができなくなることが国富の喪失であると当裁判所は考えている。」

この考えは今でもまったく変わっていません。しかし、ここではあえて数字を挙げてみます。単純な算数の問題です。東京電力の売り上げは年間約五兆円です。利益率が約五パーセントだとすると年間二五〇〇億円程度の利益になります。これに対して、東京電力が福島原発事故で国民に負わせた被害は、現時点で最も控えめに見積もっても約二五兆円です[*3]。東京電力は、今回の福島原発事故で一〇〇年分の利益を吹き飛ばしてしまったことになります。その結果、東京電力は事実上国有化されました。世界に冠たる大企業であった三菱重工、日立、東芝は原発に手を出したために次々にかつてない苦境に陥っています。そして、福島原発事故は東日本壊滅のおそれもあった大事故で、もし東日本壊滅となったならば東京電力だけでなく全ての大企業の一〇〇年分の利益が吹き飛んでしまっていたのです。

それでも、そのような原発にコスト論を持ち出しますか、それでも原発はコストが安いといえるのですか。

CO_2削減と持続可能な社会

岸田文雄首相が原発新増設や老朽原発の運転期間延長を進める理由として挙げているのは、G

＊3　八一兆円に及ぶという説もあります。
https://www.asahi.com/articles/ASM3943DYM39ULFA002.html

X（グリーントランスフォーメーション）です。GXとは、おおむね次のように説明されています。「我が国が過去、幾度となく安定的なエネルギー供給の危機に見舞われてきたことに鑑みて、産業革命以来の化石燃料エネルギー中心の産業構造・社会構造をクリーンエネルギー中心のものに転換し、持続可能な社会と経済発展を両立させるものである。」

しかし、ひとたび原発事故が起きたら、わが国の崩壊さえ招きかねないのです。福島原発事故では、現場の最高責任者の吉田昌郎所長、日本の原子力行政のトップの近藤駿介氏、行政のトップの菅直人総理の三人がそろって「東日本壊滅」を覚悟したのです。「東日本壊滅」はわが国の崩壊につながります。経済の基盤自体が失われるのですから、もはや経済発展などありえないのです。

二〇二二年七月東京地裁は、原子力発電所において過酷事故が発生するとわが国そのものの崩壊にもつながりかねないことを明確に認定しています。

原発事故は日本社会そのものの持続可能性を大きな危険にさらし、わが国の歴史を途絶えさせるおそれがあるのです。[*4] 耐震性が極めて低いためにただでさえ危うい施設を、当初予定された四〇年間稼働させるだけでなく、その本質に照らすと使い潰すことが許されない施設を使い潰すことを企てて、わが国の存続自体を危うくしているのです。政府が、原発を使い潰すことを「持続可能な社会のため」といって憚《はばか》らないのは、ある面、滑稽ではありますが、間違いなく悲劇的でもあるのです。

「原発が脱炭素社会の要請に沿うもので、環境に良い」という主張も次の三つの理由から間違っています。

一番目はCO_2（二酸化炭素）削減の目的を考えると明らかです。CO_2自体には放射性物質のような毒性はありませんが、「地球温暖化の原因になるから削減の必要がある」といわれています。[*5]ところが、実は原発は地球温暖化の要因の一つなのです。なぜなら原発のウラン燃料は大量の熱エネルギーを出し、発電に回されるのはその内の約三分の一で、残りの約三分の二は熱としてそのまま海に捨てられます。その量は原発一基当たり、一秒間に七〇トン、七度海水を温めます。[*6]原発には「海あたため装置」との別名があるくらいです。[*7]

＊4　福井地裁での大飯原発運転差止の判決は、多くの方から歴史に残る判決と過分なお褒めの言葉をいただきましたが、私は「再びの原発事故で我が国の歴史を途絶えさせてはならない」という思いで判決を書きました。

＊5　CO_2が地球温暖化の要因か否かについては争いがありますが、ここでは深入りしません。

二番目の誤りは発電時にCO_2を出さないことだけを取り上げていることです。原発を一基造るのに少なくとも五〇〇〇億円以上を要し、しかも原発は鉄とコンクリートの塊です。その建造過程でどれだけのCO_2を出しているか想像してほしいのです。さらに、原発が何十年か稼働した後の後処理が問題となります。使用済み核燃料は安全になるまでに一〇万年を要するとされています。[*8] 使用済み核燃料を何万年にもわたって保管する費用と、そのために必要とされる人間の社会活動の総量は膨大なものになります。人間が社会活動をすれば必ずCO_2が出るのです。

三番目は、われわれは福島原発事故を経験したことから、環境に最も強烈で急速かつ広範囲に悪影響を及ぼすのは原発からの放射性物質であることがわかったことです。原発推進派がCO_2削減を説くのは説教強盗（強盗の常習犯である妻木松吉は、犯行後、家人に対し「戸締まりを厳重にして空き巣に注意するように」との台詞をはいた）に等しいのです。

先に述べた福井地裁における大飯原発の差止訴訟のときも、関西電力は「原発はCO_2削減に資するもので環境に良い」と主張しました。それに対して判決は「原子力発電所でひとたび深刻事故が起こった場合の環境汚染はすさまじいものであって、福島原発事故は我が国始まって以来最大の公害、環境汚染であることに照らすと、環境問題を原子力発電所の運転継続の根拠とすることは甚だしい筋違いである」と応えています。私は、被告（関西電力）の「原発は環境面で優れている」という主張に対して「あなたがそれをいえる立場か」との一言で充分だと考えたわけです。

＊6　わが国の二万を超える河川のなかで、一秒間に七〇トンを超える流量の河川は三〇本余りしかありません。

＊7　フランスでは海水ではなく川の水を使って原子炉を冷やしていますが、二〇二二年夏の猛暑により、ただでさえ水温が上がっているところに原子炉で温められた水を流し込めば川の生態系を壊してしまう恐れがあることから原発の出力を大幅に下げざるを得ませんでした。
https://www3.nhk.or.jp/news/html/20220818/k10013776631000.html
このことからも原発が環境に優しいとはいえないことがわかると思います。

＊8　原発稼働による利益を享受できるのは、せいぜい三世代であるにもかかわらず、その後の使用済み核燃料保管の負担は三〇〇〇世代以上にも及ぶことになります。「そんな先のことは自分には関係のないことなのでどうでもよい話だ」と思う心に原発推進派は付け入り無責任で無謀な計画を推し進めていきます。使用済み核燃料の問題は、すでに一国で解決できるものではなく、世界の叡智を集結して解決していかなければならない問題なのです。

私たちは学校教育で「わが国は資源の乏しい国だ」と教えられてきました。そのことから多くの人がわが国が資源の乏しい国だという先入観をもってしまいました。資源が乏しいから原発は必要であるという流れに疑問をもつことが難しくなっているのです。

しかし、ウラン燃料も外国産であり、仮に、使用済み核燃料の再処理に合理性があるとするのならば、その再処理もフランスに頼っているのが現状なのです。「ウラン燃料はオーストラリアやカナダ等の安定した国情の国から輸入しているから大丈夫だ」といわれますが、これらの国が原発の危険性からあるいはウラン燃料採掘の危険性から採掘を中止すればそれで終わりなのです。そして、ウラン燃料は石炭や石油以上に限られた鉱物資源なのです。

そもそも、わが国は本当に資源が乏しいのでしょうか。発電のための資源にかぎってもわが国には水力、風力、太陽光、地熱等の豊かな資源があります。そして、わが国の長い歴史のなかで本当に大事な資源である緑あふれる豊かな国土を根底から破壊するのが原発なのです。

原発は安定電源か・電力不足を補えるか

原発は安定電源だといわれています。原発は、電気需要の高い昼間も、電気需要が減る深夜も、一日中ひたすら同量の電力を出し続けます。なぜなら、原発は運転を開始するときも、運転を停止するときも、そして再開するときにも一定の危険がともない、また、出力の調整にも危険がともなうからです。そのために電気の需要と関係なく全力で稼働せざるをえないのです。原発は需要の高い低いに応じられないということからすると安定しすぎる電源だといえます。

他方、原発は、万が一の事故による被害がとてつもなく大きいので、小さな地震に襲われた場合、たとえば200ガル程度の地震が到来した場合にも念のために止まりますし、原子炉になんらかのトラブルがあった場合にも運転を止めます。そして、いったん止まった場合には整備点検に大変な時間がかかるために火力発電所のように容易に再開できないのです。原発は安定しすぎる電源であるとともに、極めて不安定な電源なのです。そのため、あまり知られていませんが、原発は停電を防ぐために必ず火力発電所がバックアップしているのです。

原発がないと電力不足に陥るということもありません。福島原発事故後、二年間近く原発ゼロでやってきましたが、電力不足に陥ることはありませんでした。福島原発事故直後に計画停電がされたことから原発がないと電力不足に陥ると思い込んでいる人が多いですが、電力不足に陥ったのは、地震と津波で原発だけでなく火力発電所も壊れてしまったからです。現在、わが国の総発電量に占める原発の発電量の割合は六パーセント程度です。日本で一番電気を使っている東京電力圏内では柏崎刈羽原発が二〇〇七年の中越沖地震以後稼働せず、福島原発事故以後は福島第一原発、第二原発も廃炉とされたため、一二年間ずっと原発ゼロで過ごしてきました。

わが国が電力不足に陥る可能性があるのは真夏のせいぜい数日の昼間の時間帯に限られています。図1に示したのが原発の役割とされるベースロード電源の位置づけです。この図からベースロード電源である原発の発電量を増やしてもピーク時の電力需要を満たすことはできないことは明らかです。

いずれの点から見ても、原発の稼働と電力不足とは関係がありません。

図1　ベースロード電源の位置づけ

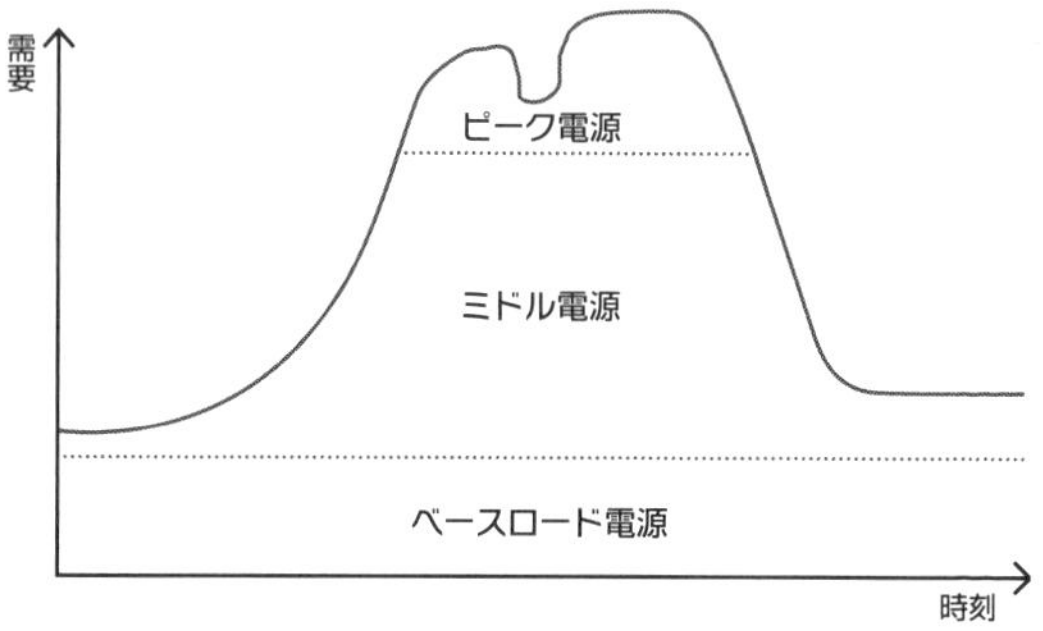

自然エネルギーに限界があるというのも嘘です。二〇二三年二月二〇日、ドイツのハーベック副首相兼経済・気候保護相は、消費電力の大半を二〇三〇年までに再生可能エネルギーとする目標について、達成に向けた作業を加速して年内に大半の準備を終える方針を示しました。ドイツは、技術先進国といわれる日本で原発事故が起きたことを教訓にして原発ゼロと再生可能エネルギーに舵を切りました。私には、ドイツ政府が再生可能エネルギーの限界を知らないままに愚かな選択をしているとは思えませんし、わが国の政府が賢い選択をしているとはとても思えないのです。[*9]

図2～4は、二〇二二年九月に公開された「原発をとめた裁判長　そして原発をとめる農家たち」[*10]に資料として挙げられたものです。再生可能エネルギーの発展と原発の限界はこの資料からも明らかです。

太陽光発電が田畑を潰したりあるいは山を削って山肌に作られていることが多いことから、わ

＊9　スペインの哲学者オルテガは次の言葉を残しています。「過去は我々に何をすべきかは教えてくれないが、何をしてはいけないかは教えてくれる」。ドイツは、福島原発事故から学び、二〇二三年四月一五日に全ての原発をとめました。

＊10　河合弘之弁護士プロデュース、小原浩靖監督。この映画は、わが国の原発に共通する危険性、すなわち、原発の耐震性が低いことから原発が頻発する地震に耐えられないことを指摘する樋口理論を社会に広める活動を始めた私と、樋口理論を軸に新たな裁判を開始した弁護士河合弘之氏の姿を描いています。また、放射能汚染によって廃業した農業者近藤恵氏が農地上で太陽光発電をするソーラーシェアリングに復活の道を見いだして踏み出していく姿を描いています。共に原発をとめるために。

図２　太陽光発電の設置量と発電コストの推移

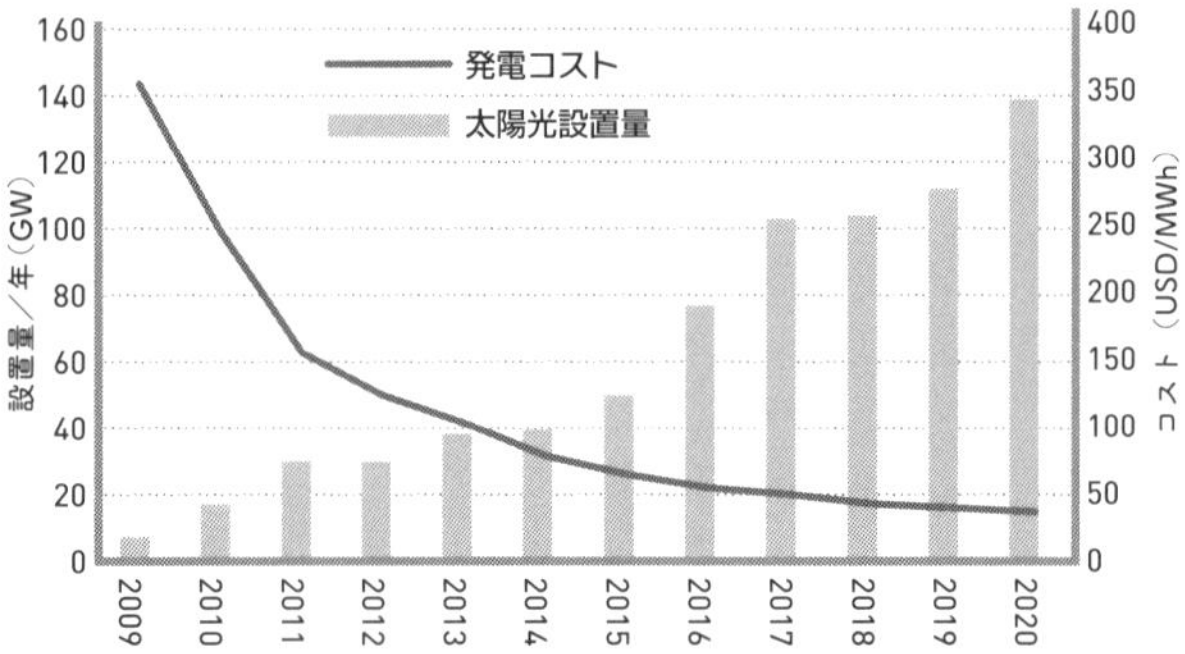

出典）REN21

図３　風力発電の設置量と発電コストの推移

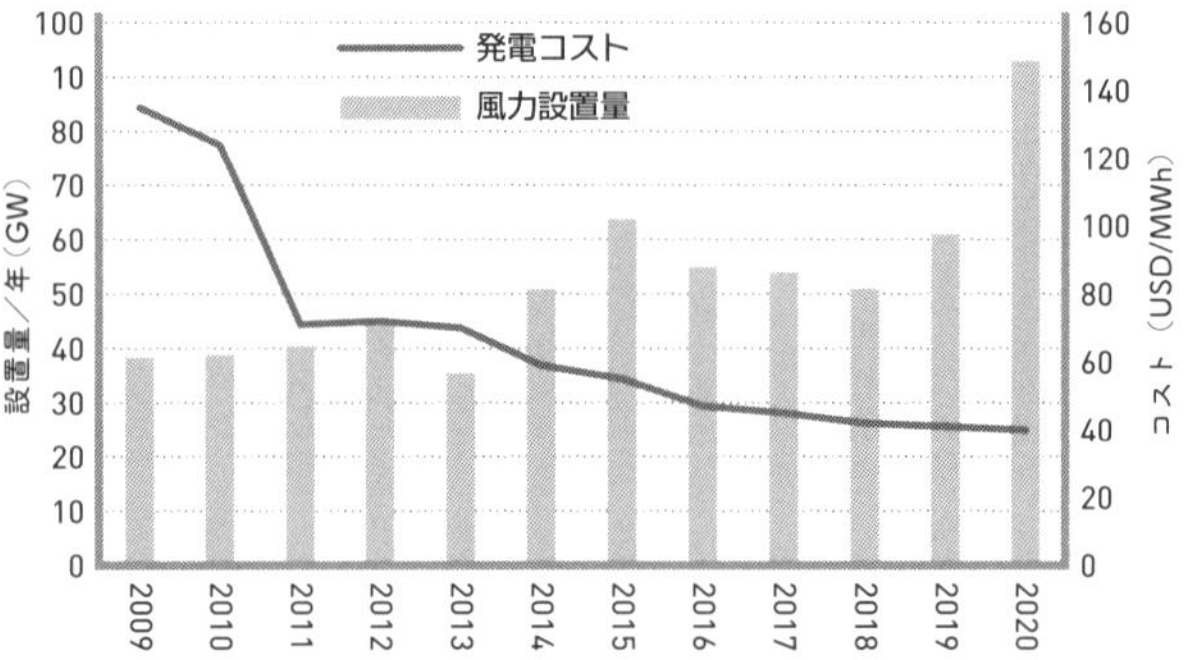

出典）REN21

図４　世界の原子力・風力・太陽光の累積容量

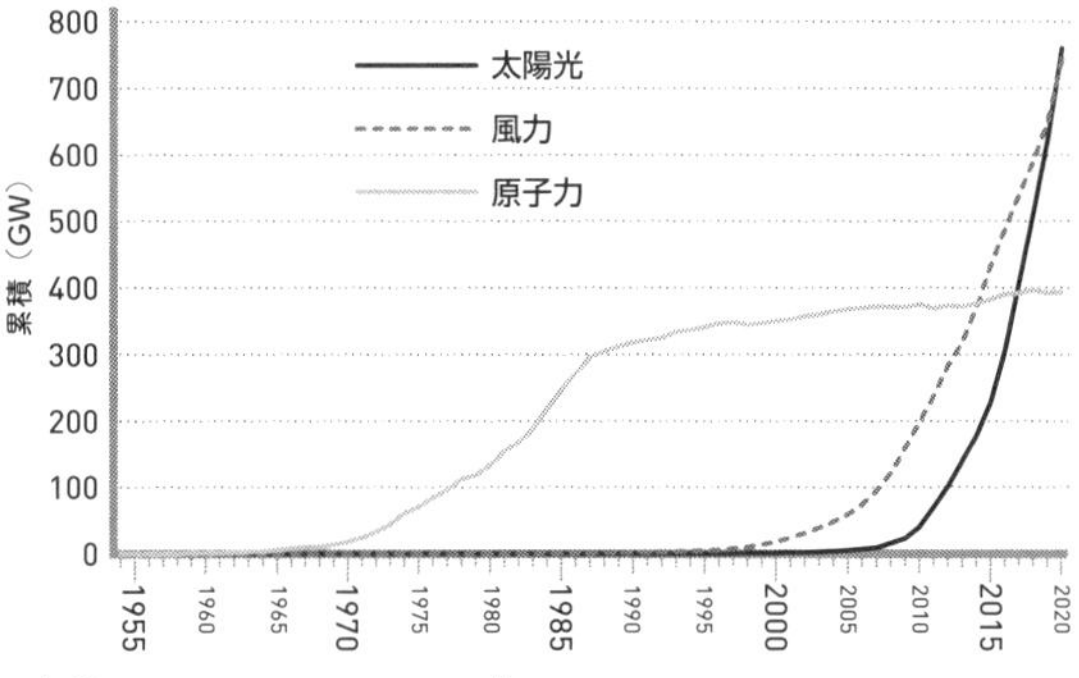

出典）GWEC、IRENA、IAEA 他

が国での太陽光発電の評判は芳しくありません。写真1は「原発をとめた裁判長　そして原発をとめる農家たち」の映画の一場面です。左から農業従事者近藤恵氏、エネルギー学者飯田哲也氏、弁護士河合弘之氏で、三人の後ろにあるのが「ソーラーシェアリング」という太陽光発電です。「ソーラーシェアリング」は、地上から三メートルの位置に太陽光発電装置を設置したり、あるいは太陽光発電装置を塀のように立てて設置することで、農業や牧畜などと発電の両立を可能とするものです。

ソーラーシェアリングの発案者である長島彬氏は、太陽光を皆でシェアーすることによって、電力会社に頼る必要がなくなる「エネルギーの民主化」をめざしています。長島氏は、太陽光を皆でシェアーするという精神で特許を取得することなく、その技術を公開しているのです。現在、中国では大規模な「ソーラー

写真1

シェアリング」による農場経営と発電がなされています。

日本には約四〇〇万ヘクタールの農地があります。その半分の二〇〇万ヘクタールで「ソーラーシェアリング」を実施すれば、太陽光による再生可能エネルギーによる発電だけで、現在の日本の年間電力消費量とほぼ同量の電力を生み出せる計算です。原発を再稼働させなくても、原発より安全で安価な電力供給は可能なのです。

原発の新増設

原発の新増設には土地の選択、買収、住民の説得等に続き建設にも長い期間を要します。原発の新増設には何十年もかかるのです。今ある原発の跡地に原発を建てようとしても今ある原発の廃炉もそれ自体困難であり、少なくとも長い年月を要することは間違いありません。原発の新増設によって天然ガスの値上がり等による電気代の問題を解消しようとすることが見当違いであることはもちろん、まったく時間軸が合いません。

そして、そもそも安全で効率的な原子炉を開発できるような技術力はわが国にはありません。たとえば、フランスでは何十年も前にできている使用済み核燃料の再処理がわが国ではできないのです。使用済み核燃料の再処理のために建設された六ヶ所村再処理工場は、今日まで一四兆円が投入されたにもかかわらず、二六回もその完成が延期されているのです。技術力がないという現実をそのまま謙虚に認めることが今求められていると思います。

原発とイデオロギー

政権与党である自民党が原発を擁護し、同時に愛国心を強調していることから、保守＝原発推進、革新＝脱原発と思われているようです。これも先入観だと思います。

福島原発事故によって放射性物質が拡散されたことで汚染区域が広がり、一二年経過した現在でも立ち入ることが許されない帰還困難区域もあるのです。帰還困難区域は国土の一部が失われたに等しく、仮に、数々の奇跡がなく東日本壊滅の事態になっていたならば、広大な国土を失っていたのです。わが国の国土や伝統や文化を愛する者が真の愛国者であり、真の愛国者であるならば福島原発事故後において、原発の維持やましてや原発回帰に舵を切るはずはないのです。

福島原発事故後においてもなお強固に原発を推進する人々は、国民全体からみればごく少数の人々にすぎません。その人々はこの国の未来のことも子や孫のことも念頭になく、目の前の自分たちだけの利益しか考えていないのです。他方、福島原発事故以前から脱原発の重要性を訴えてきた人々も、また、国民全体からみればごく少数です。しかし、脱原発を訴え続けている人々はこの国の未来のことや、自分たちの子や孫のことだけでなく、原発推進派の人たちやその人たちの子や孫までも守ろうとしているのです。どちらが真の愛国者でしょうか。どちらが真の保守といえるでしょうか。

再び原発事故が起こる前に

天然ガスの値上がりを契機にクリーンなエネルギーによる持続可能な社会をめざすことを口実とする原発回帰の動きは、あまりにも見当外れであり、何よりも、あまりにも危険です。

この十数年前まで、わが国の太陽光発電や風力発電などの技術力は世界でもトップクラスだったのです。世界が注目しているソーラーシェアリングの技術も長島彬氏によって発案されました。「東日本壊滅」寸前であった福島原発事故を教訓に、政府が原発に見切りをつけ、最先端を走っていた発電技術を支援していたならば、わが国は大きく成長していたと思います。しかし、政府は原発に拘泥し、原発を維持するために、むしろこれらの発電技術の発展を妨げてきたのです。

原発は国策です。だから国も電力会社も「原発は安くて安定している」「原発がないと電気が不足する」「原発は地球温暖化防止に有益だ」「原発は岩盤の上に建っている」「福島原発事故で死んだ人はいない」「健康被害も一切ない」等々、平然と公然と継続的に大量の嘘を流しています。[*11] まさかこれらの情報がすべて根拠のないものだとは、普通は思わないため、多くの知識人も「原発問題は難しい問題だ」と発信してしまうのです。それを聞いた人々は、原発に消極的な人も含めて「原発問題は難しい問題だ」という先入観をもってしまうのです。さらに、わが国には解決すべき問題が極めて多いため、原発問題もその多くの問題のひとつにすぎないと思われています。しかし、原発問題は数多くある課題の単なるひとつではなく、わが国で最も重要な問題なのです。

福島原発事故は単に停電しただけであれだけの事故になったのです。福島原発事故以前において、原発がそのような性質を有することを知りその危険性を訴えてきた少数の人々と、原発のそのような性質を知りながらあるいは当然知るべき立場にありながら「わが国の原発は絶対に安全だ」と発言していた人々がいました。私を含む大部分の国民は「わが国の原発は絶対に安全だ」という人々の方を信用してきたのです。しかし、福島原発事故が実際に起きてしまっ

＊11　経済産業省はヨーロッパの原発事情の紹介記事で原発維持、原発回帰に有利な情報だけを選択して流しているとの批判がされています（https://rief-jp.org/ct5/134215）。ドイツがフランスから原発由来の電力を大量に買い付けているというのも正確な情報とはいえません（https://energy-shift.com/news/686fba8d-956a-45a3-8b61-15b7dea97909）。

たことによって、誰が誠実で賢明であったのか、そして、誰が不誠実で愚かであったのかが明白になったのです。

それにもかかわらず、福島原発事故後においても、政府は、誠実で賢明な人々を政策決定から排除し、不誠実で愚かな人々を重用し続けています。挙げ句の果てに、岸田政権は、安倍政権や菅政権でさえ明言しなかった原発の新増設までいいだしたのです。岸田首相は「聞く力」があるとアピールしていますが、誰から聞くのかが最も重要です。福島原発事故を教訓にこの国の未来を考えるならば、福島原発事故で明白になった誠実で賢明な人々の声にこそ耳を傾けるべきです。

遅かれ早かれ、世界から原発は姿を消し、再生可能エネルギーの時代になることは間違いありません。私は、わが国がその流れに乗り遅れて、貧しくなっていくことを恐れているのではありません。歴史をみれば、世界中のどの国もどの地域も発展と衰退を繰り返しています。再生可能エネルギーの流れに乗り損ねたわが国は確かに経済的に貧しくなるでしょうが、いずれ時宜を得れば復活すると信じています。私が最も恐れているのは、原発が必然の流れによってわが国からなくなるその前に、再びわが国で原発の過酷事故が起きるのではないかということなのです。そして、その可能性は、わが国の原発の耐震性が極めて低いことから、多くの人が思っているよりも遥かに、遥かに高いのです。

そのとき、福島原発事故の際にあった信じられないくらいの数々の奇跡を期待することはできず、神の配剤も働かず、あらゆる想定外のことが重なって「東日本壊滅」以上のことが起きることを覚悟しなければならないのです。日本は言霊信仰によって、悪いことを思ったり発言することを極端に嫌いますが、危機管理は考え得る最悪な状況を想定することから始めなければならないのです。最悪な状況で再び原発事故が起きたならば、私たちの生命や生活も、そして先人たちから受け継いできたこの豊かな国土も失われてしまうのです。また、わが国に好意的な国が救助の手を差し伸べようとしても放射能汚染のためにそれもできず、数え切れないほどの人々が、今までまったく他人事だと思っていた難民として世界に散らばっていくかもしれないのです。難民となった私たちを、世界の人々は「二度も同じ過ちを繰り返した愚かな国の国民」と思うことでしょう。そんな私たちを世界の人々は温かく迎えてくれるでしょうか。

2　敵基地攻撃能力

原発問題はエネルギー問題でも、環境問題でもありますが、根本的には国防問題なのです。短期間に国を滅ぼす可能性があるのは、戦争と原発事故しかありません。福島原発事故当時、吉田所長だけでなく、原子力委員会委員長も、菅直人総理も「東日本壊滅」を覚悟したのです。菅総理はその際には外国の介入の可能性も考えたのです。

原発の本質が国防問題であることは、ロシアのウクライナ侵攻を機にますます明らかになりました。多くの日本人は原子炉に砲弾が当たらないかぎり過酷事故にはならないと思っていますが、砲弾が電気系統に当たって原子炉を冷やし続けることができなくなると過酷事故になるのです。ロシアのウクライナ侵攻を機に、わが国が防衛問題について真剣に考えるべきであるということについては私もまったく異論はありません。

しかし、戦争を契機として天然ガス等が値上がりしたという事実よりも遥かに重要なことは、ロシアがザポリージャ原発を攻撃目標としたという事実です。原発が攻撃目標とされた場合、反撃すれば原子炉を危うくするようなさらなる攻撃を招くことから反撃はできません。たとえ原子炉に敵弾が命中しなくても、配電や配管が損傷するだけで過酷事故が起きるのです。従業員も逃げたくても、たとえ逃げることが可能だとしても、逃げ出すことができません。逃げ出せば原子炉が管理できなくなり過酷事故に至る危険があることを知っているからです。まさしく進退窮まることになるのです。だから、ウクライナはこの重要な施設をあっさりとロシアに明け渡したのです。そうするしか選択肢がなかったのです。

ザポリージャ原発はヨーロッパ最大の原発です。ちなみに世界第一は新潟県の柏崎刈羽原発で、日本海を隔てて北朝鮮等と向かい合っています。ウクライナのゼレンスキー大統領はザポリージャ原発の過酷事故による被害は「ヨーロッパの壊滅」を招くといっています。私は、この言葉を政治的発言だとは思っていません。福島原発事故が起きたときに、吉田所長が「東日本壊滅」・「チェルノブイリの一〇倍の被害」を覚悟したことから考えても、事実であろうと思っています。ロシアはいずれウクライナを自分の領土にしたいと思っているので、ロシアもウクライナもザポリージャ原発に砲弾を撃ち込むことはしないと思います。しかし、戦争というものは双方ともに望んでいない偶発的な事態を招きかねないものです。原発は、人が管理して電気で原子炉を冷やし続けなければならないことからすると、現在の状況は「ヨーロッパ壊滅」の危機をはらむ状況であることは誰も否定できないのです。そして、「ヨーロッパの壊滅」と「天然ガス等の値上がり」とは、ものの軽重においてまったく異次元の事柄です。政府やメディアが「ヨーロッパ壊滅」に目を向けずに天然ガスの値上がりのことばかりを強調していることに、違和感を感じているのは私ばかりではないと思います。

わが国の国土は全世界の陸地面積の約〇・三パーセントにしかすぎませんが、そこに世界の全原発の約一〇パーセントの原発が、海岸沿いに林立していることは先に述べたとおりです。国防と称して敵基地攻撃能力の必要性を説く自称保守政治家たちが、同時に原発の再稼働や新増設を唱えています。これらの自称保守政治家たちは、彼らの主張に強く反対し平和を叫ぶ人たちを、現実を見ていない「お花畑」だと揶揄しますが、現実を見ていないお花畑はむしろ自称保守政治家の方です。彼らは、仮想敵国やテロリストがわが国の原発を攻撃目標とすることはないというテロリストたちに対する強い信頼をもっているようです。彼らにはわが国の国土に対する愛着はないのです。彼らは日本の国土を放射能で汚染することに何ら躊躇しないだろうと認識することが現実を見るということです。原発の問題を脇に置いてする防衛論議は空理空論です。

わが国の海岸沿いに五十数基もの原発を並べている状況では、開戦と同時に敗戦が確定するのです。戦争は絶対にしてはならないのです。ましてや負けると確定している戦争はなおさらです。

『昭和16年夏の敗戦』(中公文庫)という猪瀬直樹氏の著書があります。優秀な若手の官僚、研究者を集め、わが国がアメリカと戦争した場合の勝敗の行方について研究をさせたのですが、昭和一六年夏に出た研究結果は「わが国の必敗」を予想するものでした。それにもかかわらず、開戦に向かっていく当時の日本の姿が、五十数基もの原発を海岸沿いに並べたまま、周辺国の脅威を説き、敵基地攻撃能力の必要性を説いている現在の日本の姿と重なってみえるのです。

原発は自国に向けられた核兵器です。これを除去するのに膨大な防衛費も難しい外交交渉も戦略も必要ありません。豊かな国土を守り、次の世代に受け継いでいくという本当の保守の精神と現実を冷徹に見つめる目さえあれば容易に踏み出せる道なのです。

3　法治主義と法の支配

わが国の憲法九条は専守防衛を定めています。自称保守政治家たちは「平和憲法で国が守れると思っているのか」と揶揄します。私も平和憲法を仮想敵国に示したところで、平和が保たれるとは思っていません。

そもそも憲法の名宛人はわが国の政府や国会なのですから、政府や国会は憲法の理念に反することをしてはならないのです。岸田総理を含む自称保守政治家たちが、憲法九条を理解しているとは思えません。憲法九条は、わが国の武力による威嚇を禁じ、そして、その威嚇によって戦争が始まることを抑止しようとするものです。また、第二次世界大戦後も自国を除く世界各地で戦争をしてきたアメリカに協力して、「同盟国のアメリカ軍を守るのだ」という口実でわが国が戦争を始めることも憲法九条は禁じているのです。政治家に求められるのは何よりもリアリティーです。原発が強い地震に襲われる恐怖、原発がテロリストに狙われる恐怖、狭い国土に多くの原発を抱えたままでの戦争行為の無謀さ、アメリカが正義とはいえない戦争を繰り返している国であること、アメリカは地球の裏側の遠い国であること等の事実を踏まえたうえでの冷徹な判断が、今、求められているのです。

わが国には解決しなければならない問題が山積してします。これらの問題が私たちの努力によって全て解決したとしましょう。しかし、その日の翌日に原発事故が起きれば、あるいは戦争が起きれば、それまでのすべての努力は水泡に帰します。

歴代の総理大臣が中国等を意識して「わが国は法治国家である」とか「民主主義と法の支配を共通の基本的価値とする」と発言することがしばしばあります。法治主義とは、「国会において議論を尽くして法を定め、内閣がすべきこと、すべきでないことを決める」ことです。現政権が国会に諮らずに重要事項を次から次に閣議で決めることは明らかに法治主義に反し、中国のような専制主義に近づきます。

法の支配とは「たとえそれが国会で定められた法律であったとしても、国民の人権の尊重や平和主義という憲法が定めた法秩序に反するものは許してはならない」ということです。別の表現をすれば、憲法が政治家と官僚と裁判官に対して「国民一人ひとりの人格権が最高の価値であることを自覚して職務を行いなさい」と命じているのです。

多くの政治家は憲法の意味を知りません。法律は国民が守るべきもので、国民が法律を守っているかどうかを国が監視しています。他方、憲法は国が守るべきもので、国が憲法を守っているかどうかを国民に代わって裁判所が監視しているのです。そうすることで、国民を国家権力から守ろうとするのが憲法の役割であり、それを支える理念が法の支配なのです。

いま私たちが問われていること

二〇一一年三月一一日の東北地方太平洋沖地震による福島第一原発の過酷事故から一二年が経過しました。極めて多くの人が三月一一日以後においても請戸の浜や避難先で生命を失いました。

二〇二三年は一三回忌に当たります。一三回忌の深い意味までは知りませんが、故人の生前の姿や故人との交流を懐かしみ、あらためて故人の冥福を祈るものであって、決して、一三回忌をもって故人のことやその想いを忘れてもよいという区切りの日ではないはずです。ところが、岸田政権は、福島原発事故がまるでなかったかのように、一三回忌のその年に、原発回帰に舵を切りました。岸田政権の原発の本質に対する無知や不見識については本書の第3章でふれましたが、福島原発事故で被災した人々や生命を失った人々に対する無礼な振る舞いに私は言葉を失ってしまいます。

南海トラフ地震は、地震学者が口をそろえて間近に迫っていると警告している超巨大地震です。その被害の規模は、わが国始まって以来最大の人的物的被害となることが予想されています。ところが、四国電力は、南海トラフ地震が伊方原発を直撃しても伊方原発の敷地には181ガル（震度五弱相当）の揺れしか来ないとしています。原子力規制委員会も「南海トラフ地震が伊方原発を直撃したらどの程度の揺れが敷地を襲うのか」という普通なら誰でも抱く疑問を抱くことなく、南海トラフ地震181ガル問題について一八秒で審理を終えました。「181ガルですむわけがない」という住民の主張に対して、広島高裁は「では何ガルの地震が来るのかを住民側で立証せよ」と言ったのです。政府も、電力会社も、原子力規制委員会も、あろうことか裁判所までもが、国民を守るという責任を放棄してしまっているのです。

誰も責任をもたない以上、私たち自身が次の問いに向き合わなければならないと思います。ほかにいくらでも発電の手段があるにもかかわらず、なぜ、避難計画を立て、避難訓練までして原発を維持する必要があるのですか？　政府の避難計画のどこに合理性があるのですか？　原発事故が起きれば原発から半径五キロメートル以内の人はすぐに逃げ出し、五キロメートルから三〇キロメートル以内の人は屋内に退避し、五キロメートル以内の人たちが逃げ終わってから避難を開始するというのが岸田政権の避難計画です。原発から半径五キロメートル以内の家も三〇キロメートル以内の家も倒壊することがないような地震であっても原発は事故を起こしてしまうことを自認するような避難計画です。一方、多くの古い家屋が倒壊するような地震が到来すれば、ほぼ確実に原発の過酷事故が起きます。そのときには、広範囲に放射能汚染が広がり、誰も助けに行けなくなります。倒壊した家屋に閉じ込められた人々も、けがを負って動けなくなった人々も放置されることになるのです。このような避難計画は請戸の浜の悲劇がより大規模な形で再現されることを認めてしまうとても残酷な施策です。

原発はいくつもある発電手段の一つにしか過ぎません。その発電のためにあなたの生命と生活を賭けるのですか。それをあなたは許しますかということが、問われているのです。[*1]

二〇二三年五月五日石川県珠洲《すず》市で震度六強の地震がありました。震源は、能登半島の先端部で、まさに、二〇〇三年に凍結された珠洲原子力発電所の立地予定地付近でした。一九八〇年代において脱原発派は極めて少数でした。しかし、彼らの粘り強い運動によって、珠洲原子力発電所の建設は凍結されたのです。もし反対運動がなければ、福島原発事故に続く悲劇は避けられなかったかもしれないのです。声を上げること、声を上げ続けることの大切さを教えてくれています。

珠洲市の地震は自然界（神、あるいはサムシンググレート）からの警告です。「嫌なことは考えない、嫌なことは言わない」という言霊信仰があり、また地震大国であるが故にわが国では原発を動かしてはならないという当然の警告です。自然界は一九九五年の兵庫県南部地震（阪神淡路大震災）では重力加速度（980ガル）に近い地震が起こりうることを教えてくれました。自然界は、阪神淡路大震災を契機に日本国中に張りめぐらされた地震観測網を通じて、わが国では基準地震動（原発の耐震設計基準）である600ガルないし1000ガル程度を越えるような地震が極めて頻繁に起きていることを教えてくれました。そして、二〇〇七年の中越沖地震では、幸い過酷事故には至りませんでしたが、基準地震動を大幅に超える地震が実際に原発を襲うことを教えてくれました。それでも原発を続けたことで福島原発事故が起き、「東日本壊滅」寸前となりました。これ以上の警告はなかったはずです。しかし、政府は原発回帰という最も愚かな選択をしてしまいました。政府は私たちが真実を知ることや、一致団結することを何よりも恐れ、私たちを分断しようとして、平然と公然と継続的に大量の嘘を流します。その嘘に

＊1　坂本龍一氏のメッセージ「たかが電気のためにこの美しい日本を、国の未来である子供の命を危険にさらすようなことはするべきではない。お金より命です。」（二〇一二年七月の「さよなら原発10万人集会」）
「まず知るということが大切。知らないということ、無知ということは、死を意味するというか、死につながる」（『ロッカショ　2万4000年後の地球へのメッセージ』講談社）

惑わされることなく、自然界からの警告に真摯に耳を傾けて先人たちから受け継いできた真の国富を次の世代に引き継ぐことが私たちの役目だと思います。珠洲市の地震は自然界からの最後の警告かもしれないのです。

あとがき

脱原発の最も強力な敵は、原発回帰に舵を切った政府でも電力会社でもありません。脱原発の最も強力な敵は「先入観」です。「福島原発事故を経験しているのだから、それなりの避難計画が立てられているだろう」という先入観、「原子力規制委員会の審査に合格しているのだから、少なくとも福島原発事故後に再稼働した原発はそれなりの安全性を備えているだろう」という先入観、「南海トラフ巨大地震は必ず到来するとされているのだから、原子力規制委員も慎重で厳格な審査をしているだろう」という先入観、「政府が推進しているのだから、原発は必要なのだろう」という先入観、「原発は難しい問題だから、素人には分からない」という先入観です。

先入観は、多くの場合、常識という衣をまとっていることから、裁判の世界にも容易に入り込んできます。

大阪高裁に勤務していたときに、原告の預金通帳と印鑑のうち預金通帳だけが盗まれて、その盗まれた通帳と偽造印鑑によって何者かに預金を引き出されてしまったということで、原告が銀行に払い戻し請求をした事件がありました。銀行は、「預金の払戻請求書の印影と届出の印鑑とを相当の注意をもって照合し、違いがないものと認めて取り扱った以上、銀行は責任を負いません」との約款が適用されると主張しました。地裁では銀行の言い分が認められ原告敗訴となりました。原告の代理人弁護士は控訴しましたが、銀行約款の解釈について詳細な法律論の書面を提出するだけで印影については、一言も主張しませんでした。

しかし、この事件のポイントは原告の届け出印と何者かが押した払戻請求書の印影の同一性です。私が、両方を見比べたところ、「同じに違いない」という目で見れば同じに見えますが、「違うかもしれない」という目で見れば、両者の違いは明らかでした。被告の銀行員は「両方の印影は同じに違いない」という目で印影を見てしまい、原告の複数の代理人弁護士も、地裁の三人の裁判官も「被告のような大手銀行の銀行員がそのような基本的なミスをするわけがない」との先入観があったため、両方の印影を見比べていないか、見たとしても「両方の印影は同じだろう」という目で見ていたのです。その後、裁判所は和解を勧め、すぐに原告の請求額に近い金額で和解ができました。そのときの私の印象では、銀行側の代理人弁護士は、印影の違いに以前から気づいていたようでした。

裁判官を含む多くの人が、電力会社や原子力規制委員会が大きな間違いをすることはないという先入観を抱くことはやむをえない面もあります。しかし、住民側が証拠を挙げて「電力会社や原子力規制委員会は間違っているのではないですか」と指摘してもその声に裁判所が耳を貸さないということは到底許されることではありません。

先に述べた預金者である原告の代理人弁護士が「両者の印影が明らかに違う」と主張したと仮定した場合、裁判所が、印影を見比べることもせずに、「大手銀行がそんな間違いをするわけがない」と言い放つようなことは許されるはずがないのです。そのようなことをすれば、全ての弁護士から信頼を失うことになります。

原発の運転差止裁判のポイントは原発の耐震性が高いのか低いのかということです。「原発の耐震性が低いのではないですか。四国電力の想定した地震動と地震観測記録とを見比べて下さい」と住民側が主張しても、「その必要はない。原子力規制委員会の審査に落ち度があるわけがない」と言い放つようでは、それこそ絶望の裁判所になってしまいます。

私は、約三五年間、裁判所に身を置いていました。素晴らしい先輩、同僚に恵まれ、当たり前のことを当たり前のこととして言うことができる数少ない職場である裁判所を愛してきました。今回の広島高裁の裁判官には大きく裏切られた思いですが、本当に絶望してしまえば、これからも絶望の判決しか出てこないと思います。裁判所が常識という名の先入観から脱し、雑念を排除して法と良心にのみ基づく裁判によって次々に原発の運転を差し止め、「人権擁護の最後の砦」としての役割を果たしてくれることを信じています。

しかし、広島高裁の決定は、南海トラフ地震の危険性をまったく無視するような極めて不当な内容でした。広島高裁の裁判官も、最高裁の多数意見の裁判官も、「どうせ、国民には判決の内容は理解できないだろう」と思っているのです。それに対して皆さんに「国民を見くびるな！」と声を上げて欲しいのです。その声が、本分を忘れてしまった裁判官を初心に立ち戻らせる力となるかもしれません。そしてその声は、間違いなく、本分を尽くそうとしている裁判官を支える大きな力となります。

原発の危険性を伝えるために本書を上梓することができたことについて、改めてジャーナリストの田代真人さんと旬報社の木内洋育社長に心より感謝申し上げます。そして、今回、貴重な情報を提供して下さったジャーナリストの後藤秀典さんにも感謝申し上げます。

あわせて、原発についての先入観を払拭するために制作された映画「原発をとめた裁判長　そして原発をとめる農家たち」の監督の小原浩靖さん、この映画の制作および上映に携わってくださった多くの方々、そして、全国各地で自主上映会を企画してくださっている多くの皆様にも深く感謝申し上げます。

◆著者紹介

樋口英明（ひぐち　ひであき）

一九五二年生まれ。三重県出身。司法修習第三五期。福岡・静岡・名古屋等の地裁・家裁等の判事補・判事を経て二〇〇六年四月より大阪高裁判事、〇九年四月より名古屋地家裁半田支部長、一二年四月より福井地裁判事部総括判事を歴任。一七年八月、名古屋家裁部総括判事で定年退官。

二〇一四年五月二一日、関西電力大飯原発3・4号機の運転差止めを命じる判決を下した。さらに一五年四月一四日、原発周辺地域の住民ら九人の申立てを認め、関西電力高浜原発3・4号機の再稼働差止めの仮処分決定を出した。

著書に『私が原発を止めた理由』旬報社、二〇二一年。

南海トラフ巨大地震でも原発は大丈夫と言う人々

二〇二三年七月一五日　初版第一刷発行

著者　**樋口英明**

ブックデザイン　**welle design**

発行者　**木内洋育**

発行所　**株式会社 旬報社**

〒一六二－〇〇四一　東京都新宿区早稲田鶴巻町五四四

ＴＥＬ　〇三－五五七九－八九七三

ＦＡＸ　〇三－五五七九－八九七五

ホームページ　https://www.junposha.com/

印刷・製本　**中央精版印刷株式会社**

© Hideaki Higuchi 2023 Printed in Japan　ISBN978-4-8451-1830-4

私が原発を止めた理由

元福井地裁裁判長
樋口英明

旬報社

四六判／並製／１６８頁　定価：本体１３００円＋税
ISBN978-4-8451-1680-5

主な目次

私が原発を止めた理由

樋口英明（元福井地裁裁判長）

大飯原発運転差止めの判決を出した
裁判長が、なぜ原発を止めなければ
ならないと思ったのか？
自分が関わった事件について論じない
という裁判所の伝統を破って
その危険性を訴えつづけるのか！

旬報社